高等医药院校配套教材

基础生物化学实验
（第二版）

主　审　刘永明
主　编　白　玲　霍　群
副主编　黄　健　苏何玲
编　者（以姓氏笔画为序）
马义丽　白　玲　朱　华　刘永明
刘青波　苏何玲　李红艳　陈　莉
莫之婧　黄　健　霍　群

復旦大學出版社

再 版 前 言

《基础生物化学实验》作为一本面向临床医学、药学及相关专业本科生的实验教材，自2004年8月出版以来，已在多所医药院校使用，并受到广大师生的好评与欢迎。随着生物化学学科的发展，特别是生物化学理论与技术在医药领域越来越广泛的应用，医药院校的学生对生物化学实验技能有了新的需求，教材内容需要更新。因此，我们根据学科发展，并针对培养对象，对本教材进行修订。

第二版教材是在第一版教材的基本框架和基本内容的基础上进行修订的。编者一致认为，本书的突出之处在于"基础"二字。本着巩固、完善和提高的修订原则，力图在强调基础知识与基本技能的同时，反映生物化学实验技术的科学性与先进性。本次修订进行了数据更新和内容完善，同时增删了部分实验，充实了思考题、综合实验，重编了设计实验及病例讨论。

全书仍分为六篇：第一篇概论，介绍实验室基本常识与生物化学实验基本操作；第二篇介绍分光光度法、层析技术、电泳技术、离心技术、透析技术等常用生物化学实验技术；第三篇包括糖、脂、蛋白质、核酸、酶、新陈代谢等37个基础生物化学实验；第四篇包括质粒DNA提取及酶解鉴定、聚合酶链反应等基础分子生物学实验；第五篇为综合实验及设计实验和病例讨论，旨在培养学生的综合应用能力、分析与设计能力、逻辑思维能力；第六篇附录，包括常用洗涤液的配制、一般化学试剂的分级、实验室常用酸碱制剂的比重和浓度、实验室常用缓冲液的配制、硫酸铵饱和度常用表、基础生物化学实验常用中英文对照，可供使用者查阅。

虽然编者在本次修订过程中力求严谨和正确，但限于学识水平与能力，书中不足乃至错误仍属难免，殷切希望读者批评指正。

白 玲 霍 群

2008年1月

目　　录

第一篇　概　　论

第二篇　常用生物化学实验技术

第三篇　基础生物化学实验

第四篇　基础分子生物学实验

第五篇　综合实验、设计实验及病例讨论

第六篇　附　　录

第一篇

概　论

第一章　实验基本常识

一、实验须知

（一）生物化学实验的目的

1. 让学生掌握基本的生物化学实验操作及技能。

2. 使学生加深对生物化学理论知识的理解。

3. 培养学生科学地分析问题和解决问题的能力，以及创新求实的工作作风。

（二）实验室规则及常识

1. 严格遵守实验课纪律，不迟到，不早退。必须穿白大衣进入实验室。

2. 不得高声说话，严禁用器械及动物开玩笑。

3. 取用试剂时必须“盖随瓶走”，用后立即盖好放回原处，切忌“张冠李戴”。

4. 爱护公物，节约水、电、试剂，遵守损坏仪器报告、登记、赔偿制度。

5. 严格按操作规程使用仪器，凡不熟悉操作方法的仪器不得随意动用，对贵重仪器必须先熟知使用方法，才能开始使用；仪器发生故障，应立即关闭电源并报告老师，不得擅自拆修。

6. 实验完毕将有关仪器器材洗净归置好，值日生负责整个实验室的清洁和整理，保持实验室整洁。

（三）生物化学实验课的要求

1. 实验课前要充分预习，明确实验目的、原理、操作步骤及注意事项等，写出预习报告。

2. 实验过程中不做与实验无关的事情，也不能妨碍他人实验。

3. 加强基本技术训练，如移液、混匀、过滤等。

4. 熟悉常用仪器的使用方法，如分光光度计、离心机、电泳仪等。

5. 以实事求是的科学态度如实记录实验结果，仔细分析，作出客观结论。实验失败，须认真查找原因，而不要任意涂改实验结果。

6. 及时写好实验报告并按时上交。

二、实验记录及实验报告的书写

获得了准确的实验结果还不是实验的结束。实验室工作的目的是用一种明白易懂的方式向他人传播实验结果和所引出的概念。书写实验报告是对更严格地撰写科学论文的极好练习。书写实验报告最好用实验报告册，也可以用练习本。书写实验报告应包括下列内容。

1. 标题：课程和实验名称、实验者姓名、实验日期等都写在实验报告上。

2. 目的和原理：简明扼要地概括出实验的目的、原理，涉及化学反应的最好用反应式表示。

3. 方法步骤：列出简要明了的操作步骤，以便自己将来或他人能够重复，尽量用流程图或表格表示。

4. 记录：实验记录应及时、准确详尽、真实、清楚。

及时是指在实验中观察到的现象、数据要马上记录在记录本（或"实验指导"的合适位置）上，回顾性记录易造成无意或有意的失真。

准确详尽记录实验中观察到的实验现象，而不是照抄实验书上所列应观察到的实验结果，记录实验现象的所有细节。例如，仅仅报告一个特殊实验中生成一种黄色沉淀是不够的，要写明在什么条件下（比如加热到什么温度、保温多长时间）、什么时候（快速还是缓慢）、生成多少、什么形状（胶状还是絮状或是颗粒状）、什么颜色（亮黄、橘黄或是其他）的沉淀。在科学研究中仔细观察，特别注意未预期的实验现象是十分重要的，这些观察常常引起意外的发现，而且为了重复工作也需要准确的实验报告。使用精密仪器进行实验时，还应记录仪器的型号及编号。

现象及数据的记录必须真实，不可掺杂任何主观因素；切忌拼凑实验数据、结果。对于"不正常"的现象和数据更应如实记录，并分析查找原因。

现象及数据的记录可以与操作步骤的表格合在一起。实验记录不能用铅笔，须用钢笔或圆珠笔记录清楚，不要擦抹及修改，但可以划去重写。

5. 数据处理及结果分析：根据实验要求整理、归纳数据后进行计算得出结果，包括根据实验数据及计算结果作出的各种图表（如曲线图、对照表等）及从图表得出的结果。

6. 讨论：讨论部分不是对结果的重述，而是对实验原理、实验方法和实验结果（包括异常结果）的分析和探讨，以及对实验设计的认识、体会及建议。

7. 结论：结论要简明扼要，以说明本次实验所获得的结果。

8. 怎样画图：在许多实验中都有一个量如浓度、pH 值或温度在系统地变化着，要测量的是此量对另一量的影响。已知量叫做自变量，未知量叫做应变量。画图时，习惯把自变量画在横轴上，而把应变量画在纵轴上。下面列出一些作图的提示。

（1）每图应有简洁的标题，清楚地标明两个轴的名称及计量单位。

（2）两轴均要标清刻度标记，选用合适的单位以使轴上数字不要太大，且最好用简单数字标明轴上的标度（如使用 10 mmol/L 就比 0.01 mol/L 和 10 000 μmol/L要好）。

（3）为了清楚起见，调整标度使图线斜度约为 45°。

（4）尽可能使各点间距离相等，不要使各点挤在一起或距离太大。

（5）根据不同的实验用光滑连续的曲线或直线连接各点。

（6）若同一张图上有两条以上曲线，应用不同的符号分别标明相应的测定点。

三、实验误差与提高实验准确度的方法

生物科学研究中常需要对组成生物体的几类主要化学物质如糖、脂肪、蛋白质、核酸、维生素、酶等进行定量测定。由于受分析方法、测量仪器、所用试剂和分析工作者等方面的限制，测量值与客观存在的真实值很难完全一致，即所有的测量都可能产生误差。了解这些误差的可能来源，才能尽量减少误差，提高实验准确度。根据误差的性质和来源，一般将误差分为系统误差和偶然误差两类。

（一）系统误差及减少的方法

1. 系统误差：系统误差是在测定过程中由某些经常发生的原因所造成的，它对测定结果的影响比较稳定，在同一条件下重复测定中常重复出现，使测定结果不是偏高，就是偏低，而且大小有一定规律。它的大小与正负往往可以测定出来，至少从理论上来说是可以测定的，故又称可测误差。其主要来源有以下 4 个方面。

（1）方法误差：由采用的分析方法本身造成。如重量分析中沉淀物沉淀不完全或洗涤过程中少量溶解，给分析测定结果带来负误差，或由于杂质共沉淀以及称量时沉淀吸水，引起正误差。又如滴定分析中，等摩尔反应终点和滴定终点不完全符合等。

（2）仪器误差：由仪器本身不够精密所产生，如天平、砝码和量器本身不够准确，或没有根据实验的要求选择一定精密度的仪器等。

（3）试剂误差：来源于试剂或蒸馏水所含的微量杂质。

(4) 个人操作误差:由于每个分析工作者掌握操作规程、控制条件与使用仪器常有出入而造成。如不同操作者对滴定终点颜色变化的分辨与判断能力有差异,个人视觉误差也常引起不正确读数。

2. 减少系统误差常采取的对策

(1) 标准物对照:在任何测试中,甚至在使用标定仪器和基准试剂时,都应使用待测物质的标准溶液。标准溶液应与待测溶液用完全相同的方法处理,此时可以画出一条物质浓度-测定值量变的标准曲线,从待测溶液得到的测定值应落在标准曲线范围之内,然后读出测定数值;或者取标准物某一确定浓度的溶液与待测液以同样的方法,在相同条件下平行测定(标准物的组成最好与待测物相近,含量也相近),求平均值。

(2) 设置空白试验:在任何测量实验中都应设置空白溶液作为对照,以消除由于试剂中含有干扰杂质或溶液对器皿的侵蚀等所产生的系统误差。

(3) 校正仪器。

(二) 偶然误差及减少的方法

偶然误差来源于某些难以预料的偶然因素,或是由于取样不随机,或是因为测定过程中某些不易控制的外界因素(如测定时环境、温度、湿度和气压的微小波动)的影响。同一实验者在同样条件下进行一系列测定时,每一次测量的结果都略有不同,这就是偶然误差。平均取样及多次取样进行平行测定,并计算平均值,可以有效地减少偶然误差。

第二章　生物化学实验基本操作

一、玻璃仪器的洗涤

生物化学实验所用玻璃仪器清洁与否，是获得准确结果的重要环节。因为玻璃仪器不清洁或被污染，会造成实验误差，得不到正确的实验结果。因此，实验之前，将玻璃仪器清洗干净（以倒置时壁上不挂水珠为准），是非常重要的准备工作。

1. 一般玻璃仪器的洗涤：凡能用毛刷刷洗的仪器（如试管、烧杯、量筒等），先用自来水刷洗，再用毛刷蘸取洗衣粉或去污粉将仪器内外（特别是内壁）仔细洗刷，用自来水冲洗干净后，再用蒸馏水刷洗 2 ~ 3 次，倒置于仪器架上晾干备用。

2. 凡不能用毛刷刷洗的量器（如刻度吸管、容量瓶等），应先用自来水冲洗，晾干，再用重铬酸钾清洁液浸泡 4 ~ 6 h（或过夜）。从清洁液中取出并沥干后，用自来水冲洗干净，再用蒸馏水刷洗 2 ~ 3 次，倒置于量器架上晾干备用。

3. 新购量器表面常附有游离的碱性物质及泥污，可先用洗衣粉洗刷，再用自来水洗净，然后浸泡在1% ~2% 盐酸溶液中过夜（不少于4 h）后，再进一步洗涤，最后再用蒸馏水刷洗 2 ~ 3 次，倒置于仪器架上晾干备用。

二、吸量管的选择和使用

吸量管是生物化学实验中常用的量取液体的仪器，分为奥氏吸量管、移液管和刻度吸量管 3 种。我们需用到的是刻度吸量管，有不同的规格，如 10 ml、5 ml、2 ml、1 ml、0.5 ml、0.1 ml 等几种，可任意量取 0.01 ~ 10 ml 的液体，其选择和使用方法如下。

1. 选择：使用前根据需要选择适当的吸量管，其总容量最好等于或稍大于取液量。临用前看清容量和刻度。

2. 执管：用右手拇指及中指（辅以无名指）拿住吸量管的上部，用示指封住管口控制液流，刻度数字要向着自己，切忌用大拇指封住管口控制液流。

3. 取液:左手捏压洗耳球,将吸量管的尖端插入所取试剂液面下,将洗耳球的出口对准吸量管上口,将液体轻轻吸上,至最高刻度上端 1~2 cm 处,迅速用示指按紧管上口,使液体不至于从管下口流出。

4. 调准刻度:将吸量管从溶液中取出后,如果是取黏性较大的液体,必须先用滤纸擦干管尖外壁,然后用示指控制液流使之缓慢下降至所需刻度(此时液体弯月面底部、视线和刻度应在同一水平线上),右手示指立即按紧吸量管上口,使液体不再流出。

5. 放液:将吸量管转移至盛有所取溶液的容器内,让吸管尖端接触容器内壁,但不能插入容器原有液体中,以免污染吸管及试剂。放松示指,让液体自然流出。放液后吸管尖端残留的液体是吹出还是不吹出,视所选用的吸量管种类要求而定。需要吹的则将其吹出,如要求不吹出的则让吸量管尖端停靠内壁约 15 s,同时转动吸管,重复一次。

6. 洗涤:吸取血液、尿、组织样品及黏稠样品的吸管,用后应及时用自来水冲洗干净。用于吸取一般试剂的吸管可不必马上冲洗,待实验结束后再仔细清洗。

三、可调式微量加样器的使用

在生物化学与分子生物学实验中常用可调式微量加样器来精确量取实验所需试剂,其规格有 20 μl、100 μl、200 μl 及 1 000 μl 等,选择相应规格的吸头,在规定的容量范围内可根据需要随意调节取液容量。

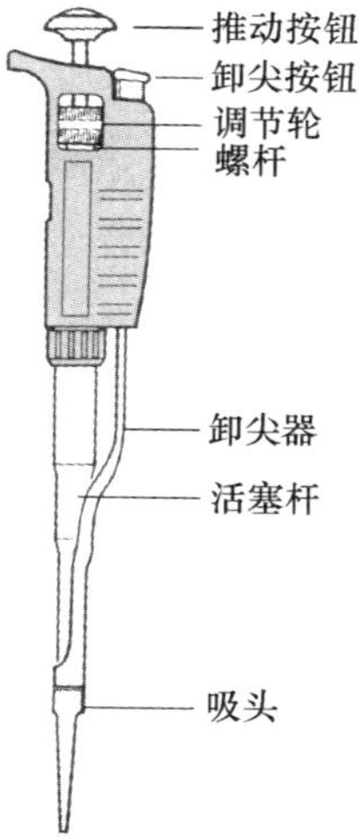

图 2-1

可调式微量加样器的结构如图 2-1 所示。具体使用方法如下。

1. 吸液:根据需要吸取的试剂量调准加样器容量,用右手握住加样器外壳,套上吸头并旋紧。用拇指揿下推动按钮至第一段行程,将吸头尖口插入试剂液面下几毫米处,缓缓松开拇指,让推动按钮复原(图 2-2)。在吸取液体时要注意避免形成气泡,以保证取液的精确度。

2. 放液:重新将拇指揿下推动按钮至第二段行程,完成放液,反复一次(图 2-3)。如果发现吸头尖口处仍残留有小液滴时,则应将吸头接触容器内壁,使液滴沿壁流

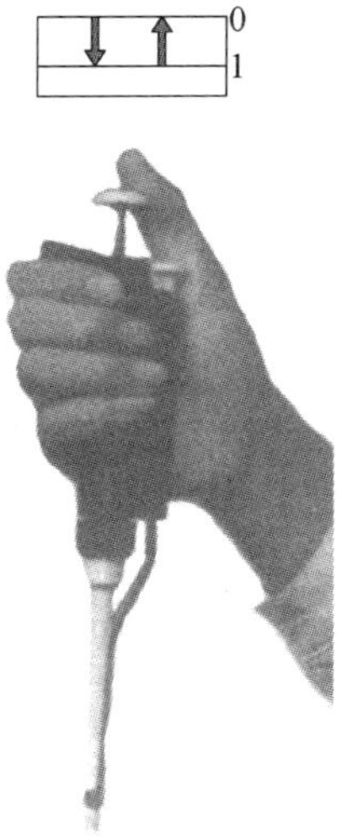

图 2－2

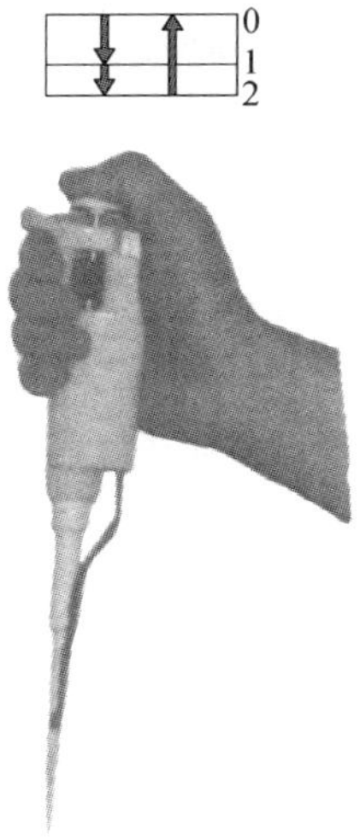

图 2－3

下，同时拇指不能松开，以免液滴倒流。

四、试管中液体的混匀法

生物化学实验常需将几种先后加入的试剂混匀使其充分反应，因此“混匀”是生化实验中常用的基本操作技术。用于试管中液体混匀的常用方法有下列几种。

1. 甩动法：是生物化学实验中最常用的方法，适用于试管中液体较少时。具体操作为右手持管上部，用腕力将试管轻轻甩动振摇即可将管内液体混匀。

2. 弹敲法：右手持管上部，将试管的下部在左手掌心弹敲，也适用于试管中液体不多时。

3. 旋转法：右手握住试管上端，五指握紧试管，利用腕力使管向一个方向做圆周运动，使管内液体造成旋涡而混匀。适用于试管中液体较多时或小口器皿，如锥形瓶。

4. 吸管混匀法：用清洁吸管将溶液反复吸放数次，使溶液充分混匀。适用于成倍稀释某种液体时。

5. 倒转法：以大拇指隔着干净玻璃纸堵住管口，上下倒转数次，就可使液体充分混匀。适用于液体较多且损失少量液体不影响结果时。

6. 振荡器混匀：将需要混合的液体装入容器内（液体约占容器的 1/3），

手持容器于振荡器的工作台上即可将液体混匀。

7. 玻璃棒搅拌法:如用上述方法尚不能将液体混匀,可用玻璃棒搅拌混匀之。

第二篇

常用生物化学实验技术

第三章　分光光度法

物质对光线具有选择性的吸收作用，因此，每种物质都有其特异的吸收光谱。光线有不同的波长，肉眼可见的光称为可见光，表现为赤、橙、黄、绿、青、蓝、紫等颜色，波长范围为 400 ~ 750 nm。小于 400 nm 的光线称为紫外线，大于 750 nm 的光线称为红外线。两种适当颜色的光按一定的强度比例混合，可以成为白光，这两种色光称为互补光。当白色光通过溶液时，如果溶液对各种波长的光都不吸收，则溶液透明无色；如果溶液对某些波长的光吸收较少，而对其他波长的光吸收较多，则溶液呈现这种吸收较少而透过较多的光的颜色，即溶液呈现的是它所吸收光的互补色，吸收越多，颜色越深。如果溶液对光的吸收没有明显的选择性，即较均匀地吸收时，溶液呈现灰色。

大多数物质本身具有一定的颜色，也有一些物质本身虽是无色的，但加入适当的试剂后可生成有色的物质。溶液的浓度越大，其颜色越深，且对光的吸收也越大。所以，可通过测定比较溶液在某一波长下的吸光度值来确定溶液的浓度，这种方法叫做比色分析法。比色分析法可分为光电比色法和分光光度法，我们着重讨论分光光度法。

分光光度法（spectrophotometry）是利用物质所特有的吸收光谱来鉴别物质或测定其含量的一项技术。因为分光光度法具有灵敏度强、精确度高、操作简便、快速，对于复杂的组分系统，无须分离即可检测出其中所含的微量组分的特点，因此分光光度法目前已成为生物化学研究中广泛使用的技术之一。

一、分光光度法的基本原理

（一）Lambert 定律

一束单色光在通过透明溶液时，由于溶液吸收一部分光能，使光的强度减弱，若溶液浓度不变，则溶液的厚度越大，光线强度的减弱也越显著，即光吸收的量与溶液的厚度成比例关系。

若以 I_0 表示入射光强度，I 表示透过光强度，L 表示溶液的厚度，而 I/I_0 表示光线透过溶液的程度，称为透光率，用 T（transmittance）表示，则 $T = I/I_0$。

Lambert 定律证明:

$$lg\frac{I_0}{I}=KL\ (K\text{ 为吸光系数})\qquad(\text{式 }3-1)$$

(二) Beer 定律

一束单色光在通过透明溶液时,若溶液的厚度不变,则溶液浓度愈高,光线强度的减弱也愈显著,即溶液对光的吸收与溶液的浓度成比例关系。Beer 定律可用下式表示:

$$lg\frac{I_0}{I}=KC\qquad(\text{式 }3-2)$$

(三) Lambert - Beer 定律

如果同时考虑液层厚度和溶液浓度对光吸收的影响,将式 3 - 1 和式 3 - 2 合并,则有:

$$lg\frac{I_0}{I}=KCL\qquad(\text{式 }3-3)$$

此公式为 Lambert - Beer 定律的数学形式。其物理意义是:

当 $I=I_0$ 时,$lg\frac{I_0}{I}=0$,表示溶液完全不吸收光线;

当 $I\ll I_0$ 时,$lg\frac{I_0}{I}$ 值大,表示溶液吸收光线较多;

当 $I\to 0$ 时,$lg\frac{I_0}{I}$ 值无穷大,表示光线几乎被溶液完全吸收,即溶液不透光。

由此可见,$lg\frac{I_0}{I}$ 表示溶液对光吸收的程度,称作吸光度(absorbance),用 A 表示,即 $A=lg\frac{I_0}{I}$。

习惯上也用光密度(optical density, OD)表示,或称消光度(extinction),用 E 表示。于是式 3 - 3 可写成:

$$A=KCL\qquad(\text{式 }3-4)$$

由式 3 - 4 可得

$$K = \frac{A}{CL}$$

公式中 K 为消光系数(或吸光系数)。消光系数的表示方法有百分浓度消光系数和摩尔浓度消光系数。

百分浓度消光系数($E_{1\,\text{cm}}^{1\%}$):即以百分浓度来表示的消光系数,它等于溶液浓度为1%、液层厚度为1 cm时的光密度值。

摩尔浓度消光系数($E_{1\,\text{cm}}^{\text{M}}$):即以摩尔浓度来表示的消光系数,它等于溶液浓度为1 mol/L、液层厚度为1 cm时的光密度值。

消光系数是物质的重要特性,它与入射光的波长以及溶液的性质和温度有关,也与仪器的质量有关。在入射光波长、溶液种类和温度一定的条件下,消光系数是一个定值,通过实验可以测得。消光系数值越大,该物质吸收光的能力越强,测定的灵敏度越高。

在分光光度计的读数盘上附有两种数字:一种是等距离标尺,为透光度,用 T 表示,即 I/I_0,单位%,从左到右逐渐增加(0～100);另一种是不等距离的标尺,为吸光度,用 A 或 E 表示,从左到右逐渐减少($\infty \to 0$)。其对应关系如图3-1所示。

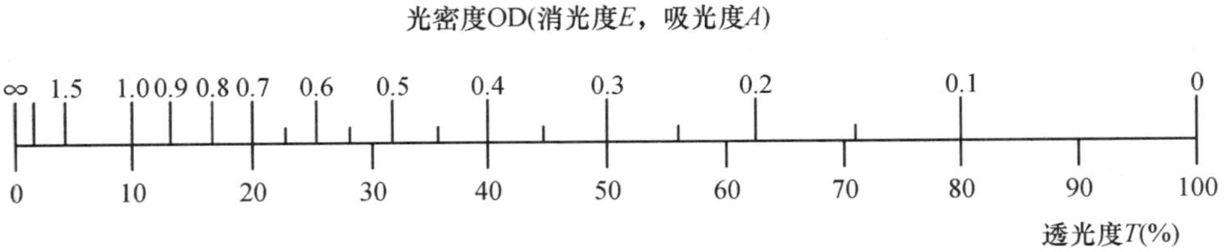

图3-1　透光度与吸光度之间的关系

二、分光光度法的应用——待测溶液的测定

通常,测定时直接读出透明溶液的吸光度值,然后按下列方式进一步处理,就可求出待测溶液的浓度。

(一) 利用标准管法求出待测溶液的浓度

在相同实验条件下测得标准液和待测液的吸光度值,然后进行计算。根据Lambert-Beer定律,标准液:$As = KsCsLs$;待测液:$Au = KuCuLu$。

由于两种溶液的液层厚度相等,即 $Lu = Ls$。另外温度相同,而且是同一物质的两种不同浓度,在测定时所用波长也相同,所以 $Ku = Ks$。

将上述两式相比:$As/Au = Cs/Cu$,即

$$Cu = \frac{Au}{As} \times Cs$$

式中 Au、As 可由分光光度计测出，Cs 为已知，则待测溶液的浓度 Cu 即可求出。

（二）利用标准曲线法求出待测溶液的浓度

当分析大批待测溶液时，采用标准曲线法则比较方便。首先配制一系列浓度由小到大的标准溶液，分别测出它们的吸光度。然后以各管的吸光度为纵坐标，各管的浓度为横坐标，在方格坐标纸上作图得出标准曲线（standard curve）。在标准液的一定浓度范围内，溶液的浓度与其吸光度之间呈直线关系。需要特别指出的是，在制作标准曲线时，至少需配制 5 种浓度递增的标准溶液，测出的数据至少要有 3 个点落在直线上，这样的标准曲线方可用来求待测溶液的浓度。

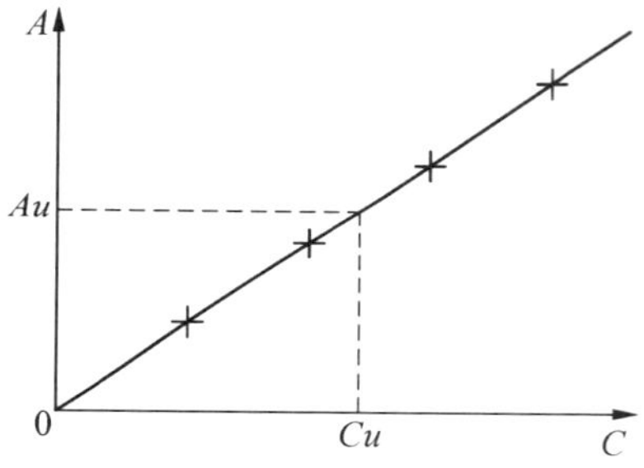

图 3－2　标准曲线（浓度-吸光度曲线）

测定待测溶液时，实验条件应与制作标准曲线时相同，读出吸光度后，可从标准曲线上直接查出其浓度（图3－2），即由 Au 直接查出其浓度 Cu。

（三）利用标准系数法求出待测溶液的浓度

此法较上述两法简便。将多次测定标准溶液的吸光度算出平均值后，按下式求出标准系数：

$$标准系数 = \frac{标准液浓度}{标准液平均吸光度}$$

将用同样实验条件测出的待测溶液的吸光度代入下式，即可求出待测溶液的浓度：

$$待测溶液浓度 = 待测溶液吸光度 \times 标准系数$$

（四）利用消光系数法求出待测溶液的浓度

在同样实验条件下测得待测溶液的吸光度，可用下列利用消光系数计算浓度的公式计算出其浓度：

$$C = \frac{A}{E_{\mathrm{cm}}^{1\%}}, \quad C = \frac{A}{E_{\mathrm{cm}}^{\mathrm{M}}}$$

此公式常用于紫外吸收法，待测物质不需要显色，操作简便。如对蛋白质溶液的含量进行测定，因蛋白质在波长 280 nm 处有最大吸收峰，利用已知蛋白质在波长 280 nm 的摩尔消光系数，再读取待测蛋白质溶液的吸光度，即可求出待测蛋白质溶液的浓度。

三、比色分析条件的选择

（一）波长的选择

测定波长对比色分析的灵敏度，准确度和选择性有很大的影响。选择波长的原则是："吸收最大，干扰最小"。因为吸光度越大，测定灵敏度越高，准确度也容易提高；干扰越小，则选择性越好，测定准确度越高。但选用的测定波长未必同时获得最高灵敏度及最高准确度。如图 3－3 所示，A 物质最大吸收波长在 a 处，但在同样波长下 B 物质也有吸收，对测定有干扰。因此，选择 b 处波长比较合适，此时灵敏度虽有所降低，但消除了 B 物质的干扰，就提高了准确度。

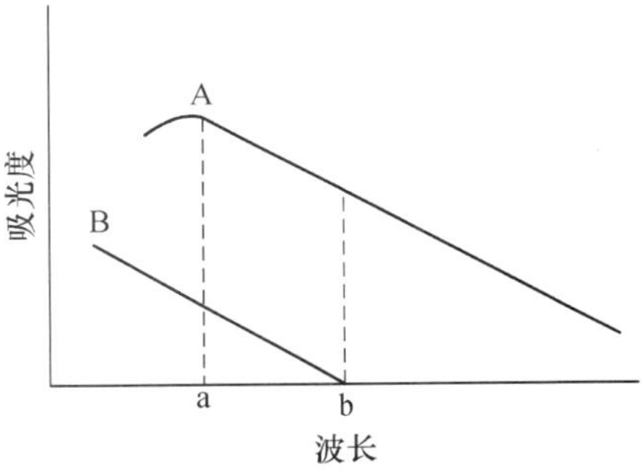

图 3－3　A、B 物质吸收曲线

（二）吸光度的选择（溶液浓度选择）

溶液的吸光度太大或太小，都会影响测定的准确度。从检流计的标尺可以看出，在吸光度较小的一端（如 $A = 0.03, 0.04$），或在吸光度较大的一端（$A = 1.2, 1.3$），读数只能准确至 1～2 位有效数字。而在标尺中部（$A = 0.1 \sim 0.7$），读数可准确到 2～3 位有效数字。因此，吸光度读数在检流计标尺中部时，测定的准确度较高，相对误差较小。一般使用时要求 $A = 0.05 \sim 1.0$。

为了控制吸光度，根据 $A = KCL$ 关系可以看出，调节溶液的浓度或改变比色杯的厚度，都可控制溶液的吸光度在适当的范围内。一般采用改变溶液浓度的方法控制吸光度在适当的范围内。

（三）显色条件的选择

选择合适的显色剂，显色反应灵敏度高，选择性好，化学性质稳定。但显色剂的用量、溶液的 pH 值、温度和反应时间都会直接影响到生成的有色物质的解离平衡，进而引起颜色深度的变化，从而影响比色测定的准确度，因此必须控制显色条件。另外，有些杂质也能与显色剂生成有色溶液而干扰测定，所以在比色测定前还必须设法除掉干扰物质。

此外,在比色分析中,常需要利用空白溶液调节仪器的透光度为100%,此时吸光度为零。空白溶液不含有被测物质,而其他溶剂、试剂和处理条件等与被测溶液完全相同。故利用空白溶液可消除显色剂中其他有色物质的干扰,抵消比色杯和试剂对入射光的影响。

四、常用的比色计

(一) 721 型分光光度计

721 型分光光度计是比色分析法的常用仪器(图 3-4)。它采用自准式光路及单光束的结构,其波长范围为 360~800 nm,用钨丝白炽灯作光源,其光学系统如图 3-5 所示。721 型分光光度计的单色器、稳压器和检流计 3 部分合装在一起,使用比较方便。受光器用光电管,提高了对弱光的灵敏度,感光后产生的电流可以放大,用微安表直接读数,并且不易疲劳是 721 型分光光度计的最大特点。721 型分光光度计操作方法如下。

(1) 检查读数电流计的指针是否指在透光度"0"位置上,若有偏离可用电流计上的校正螺旋进行调节。

(2) 接上电源,打开电源开关,将仪器预热约 20 min;旋转波长旋钮选择所需波长。

(3) 打开比色皿暗箱盖,将灵敏度选择开关放在"1"档,然后旋转零点调节旋钮,使电流计指针回复到透光度"0"位。

(4) 将空白、标准及待测溶液分别放入洁净的比色杯中,依次放在比色杯架上。

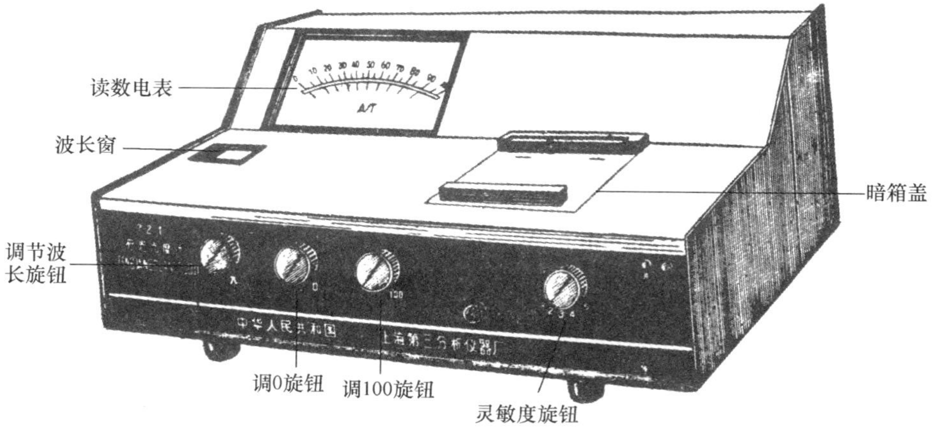

图 3-4　721 型分光光度计外形图

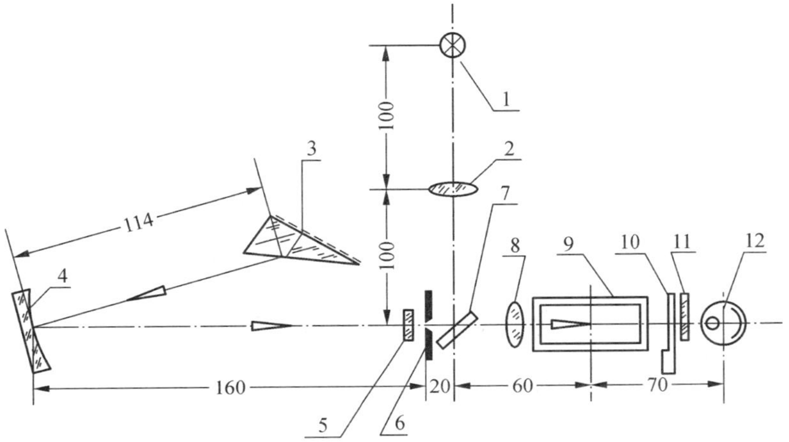

图 3－5　721 型分光光度计光学系统示意图

注：1. 光源灯 12V 25W；　2. 聚光透镜；　3. 色散棱镜；　4. 准直镜；
5. 保护玻璃；　6. 狭缝；　7. 反射镜；　8. 聚光透镜；
9. 比色皿；　10. 光门；　11. 保护玻璃；　12. 光电管。

(5) 将装空白液的比色杯置于光路，合上暗箱盖，电流计指针偏转，通过转动"100"旋钮调节，使指针指在透光度为 100 的位置上。然后重复(3)及(5)步骤数次，直至指针能分别准确指在"0"及"100"位置为止。若空白溶液对光吸收能力过强，仪器不能调到"100"时，可将灵敏度选择开关拨到较高档(2～5)。但改变灵敏度开关位置后，必须重复(3)及(5)步骤，重新校正"0"和"100"。

(6) 将标准液及待测液的比色杯依次推入光路，即可从电流计直接读出其吸光度值。

(7) 使用完毕后，将开关拨回"关"的位置，切断电源，将比色杯取出，用水洗涤干净，再用蒸馏水洗 2～3 次，晾干备用。

(二) 752 型紫外光栅分光光度计

752 型紫外光栅分光光度计(图 3－6)采用单光束自准式光路，色散元件为衍射光栅。光学系统如图 3－7 所示。

由光源发出的连续辐射光线，经滤光片和球面反射镜至单色器的入射狭缝外聚焦成像，光束通过入射狭缝经平面反射镜到准直镜，产生平行光射至光栅，在光栅上色散后又经准直镜聚焦在出射狭缝上成一连续光谱，由出射狭缝射出一定波长的单色光，通过标准溶液再照射到光电管上。752 型分光光度计具有使用简便、精确度高等特点，其波长范围为 200～850 nm。752 型

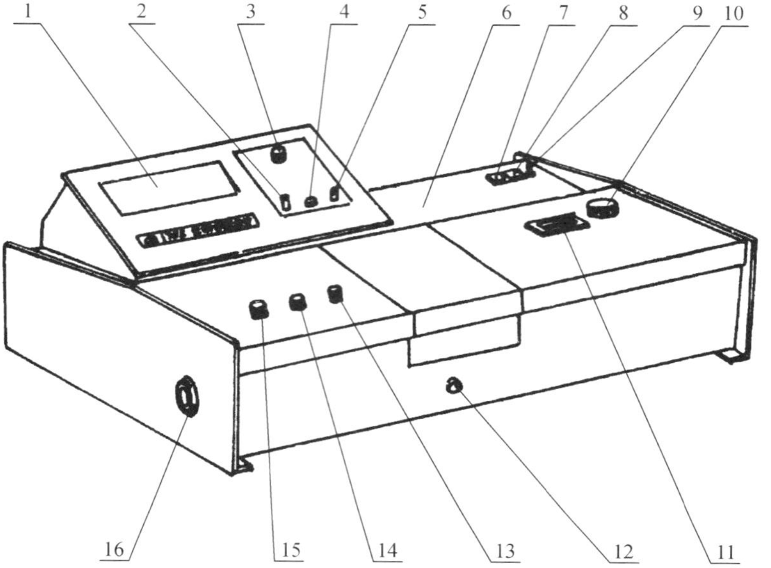

图 3－6　752 型分光光度计外形图

注：1. 数字显示器；　2. 吸光度调零旋钮；　3. 选择开关；　4. 吸光度调斜率电位器；
5. 浓度旋钮；　6. 光源室；　7. 电源开关；　8. 氢灯电源开关；
9. 氢灯触发按钮；　10. 波长手轮；　11. 波长刻度窗；　12. 试样架拉手；
13. 100% T 旋钮；　14. 0% T 旋钮；　15. 灵敏度旋钮；　16. 干燥器。

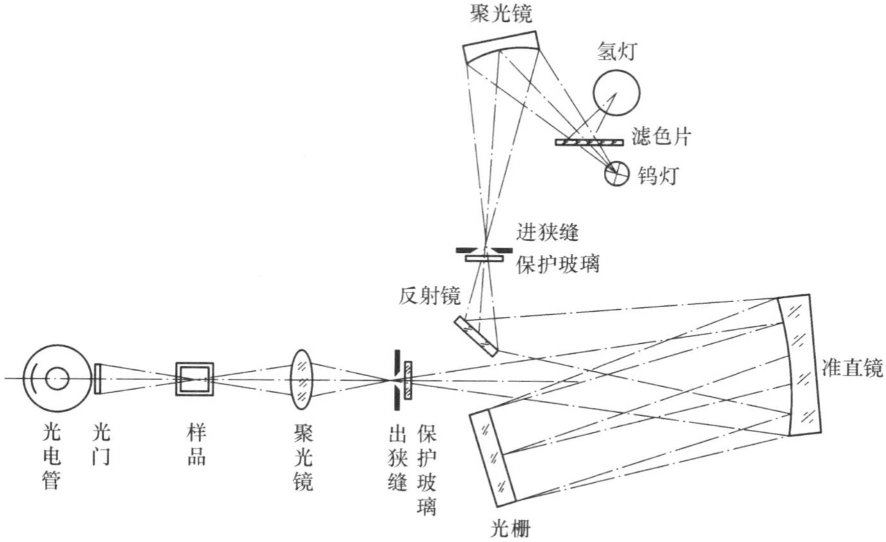

图 3－7　752 型紫外光栅分光光度计光学系统示意图

分光光度计的具体操作方法如下。

（1）将灵敏度旋钮调到“1”档（放大倍率最小）。

（2）按“电源”开关；按“氢灯”开关，氢灯电源接通；再按“氢灯触发”按钮（开关内右侧指示灯亮）；氢灯点亮。仪器预热20～30 min（注：有的仪器背部有一只“钨灯”开关，如不需要用钨灯时可将它关闭）。

（3）将选择开关置于“T”。

（4）打开试样室盖（光门自动关闭），调节“0”（T）旋钮，使数字显示字为“000.0”。

（5）将调节波长旋钮置于所需要的波长。

（6）将装有溶液的比色皿放置比色皿架中（注：波长＞360 nm时，可以用玻璃比色皿；波长＜360 nm时，要用石英比色皿）。

（7）盖上样品室盖，将参比溶液比色皿置于光路，调节透光度“100”旋钮，使数字显示为100.0（T）。注意：如果显示不到100.0（T），则可适当增加灵敏度的档数，同时应重复步骤（4），调整仪器的“000.0”。

（8）将被测溶液置于光路中，数字显示器上直接读出被测溶液的透光度值。

（9）吸光度 A 的测量：参照步骤（4）和（7），调整仪器的“000.0”和“100.0”。将选择开关置于“A”。旋动吸光度调整旋钮，使得数字显示为“000.0”，然后移入被测溶液，显示值即为试样的吸光度 A 值。

（10）浓度 C 的测量：选择开关由“A”调至“C”，将已标定浓度的溶液移入光路，调节“浓度”旋钮，使得数字显示为标定值。将被测溶液移入光路，即可读出相应的浓度值。

（11）如果大幅度改变测试波长时，需要等数分钟后，才能正常工作（因波长由长波向短波或短波向长波移动时，光能量变化急剧，而光电管感光响应缓慢，需一移光响应平衡时间）。

（12）仪器在使用时，应常参照本操作方法中步骤（4）和（7）进行调“000.0”和“100.0”的工作。

（13）每台仪器所配套的比色皿不能与其他仪器的比色皿单个调换。

（14）仪器使用完毕，先关氢灯（钨灯），后关电源。取出比色杯用水洗涤干净，再用蒸馏水冲洗2～3次。

【注意事项】

1. 分光光度计是贵重的精密仪器，必须倍加爱护，注意防震、防潮、防光和防腐蚀。

(1) 防震:仪器应放在平稳的平台上,不可随意搬动;操作时,动作轻柔,以防损坏机件。

(2) 防潮:光电管受潮后,灵敏度下降,甚至失效。因此,仪器应放在干燥的地方,光电管附近放置干燥剂(变色硅胶)。

(3) 防光:光电管受光后会逐渐老化,失去其功能,所以要防止长时间的连续照射,避免强光照射。

(4) 防腐蚀:具有腐蚀性的物质(如强酸、强碱等)都能损坏机件。在盛装待测液时,达到比色杯的3/4即可,不宜过多,以防溶液溢出;移动比色杯时,动作轻柔,以防溶液溅出。

2. 不可用手指或毛刷摩擦比色杯的透光面(光滑面)。

五、分光光度计的使用训练(硫酸铜溶液浓度的测定)

(1) 按表3-1操作,混匀各管。以空白管调零,在650 nm波长处测定并记录各管吸光度。

表3-1 硫酸铜溶液浓度的测定 (单位:ml)

项目	管号						
	空白管	1	2	3	4	5	6
5% $CuSO_4$	—	0.5	1.0	1.5	2.0	—	—
蒸馏水	5.0	4.5	4.0	3.5	3.0	—	—
$CuSO_4$ 标准液(1.5%)	—	—	—	—	—	5.0	—
$CuSO_4$ 未知液	—	—	—	—	—	—	5.0
浓度	—	0.5%	1.0%	1.5%	2.0%	1.5%	
A_{650}							

(2) 以吸光度为纵坐标,硫酸铜浓度为横坐标,绘制标准曲线。根据硫酸铜未知液的吸光度,在标准曲线查其浓度。

(3) 用计算法求 $CuSO_4$ 未知液浓度:

$$C_{未知} = \frac{A_{未知}}{A_{标准}} \times C_{标准}$$

(4) 试剂:5%硫酸铜溶液,1.5%硫酸铜溶液,未知浓度的硫酸铜溶液。

第四章　层 析 技 术

层析法(chromatography)是近代生物化学最常用的方法之一。它是利用化合物中各组分的物理性质的差别(如溶解度、吸附能力、分子形状和大小、分子极性等),使各组分在两相中的分布不同,从而使各组分以不同速度随流动相向前移动而达到分离的目的。

层析技术早已在实践中应用,1906 年植物学家 Tswett 将吸附剂用于植物色素的分离提取,各种颜色的色素在吸附柱上从上到下排列成色谱,故也称“色层分离法”或“色谱法”。1931 年,有人用氧化铝柱分离出胡萝卜素的两种同分异构体,显示了这一分离技术的高度分辨率。1944 年,应用滤纸作为固定支持物的“纸层析”诞生,20 世纪 50 年代开始相继出现了气相层析及高效液相层析。其他层析技术也迅速发展,应用范围更加广泛,没有颜色的物质同样可以用此法分离。在生物化学领域里,层析分离技术已成为一种被广泛应用的分析、分离的手段,可以用来分离氨基酸、核苷酸、糖、蛋白质和核酸等各种化合物。下面先介绍层析法中的一些术语。

1. 支持物:层析法中用以支持、容纳样品的物质。支持物的本身或其包含的水、特殊基团在层析中起分离样品物质的作用。如纸层析中的滤纸、吸附层析中的吸附剂、离子交换层析中的交换树脂或离子交换纤维素均是支持物。

2. 固定相和流动相

(1) 固定相:在层析中起分离作用而不随层析过程移动的物质。大多数支持物本身就是固定相。但有些固定相是指支持物内包含的水,如纸层析中的固定相是滤纸纤维中结合的水。固定相被看成是层析过程中样品移动的阻力。

(2) 流动相:在层析过程因其本身扩展或流动而推动样品移动的物质。流动相为外加的液体(洗脱液、展开剂)或气体。流动相本身的流动或扩展是样品移动的动力,如纸层析或薄层层析展开剂中的有机成分、柱层析中的洗脱液等均属流动相。

3. 装柱:将支持物填装入层析柱的操作。

4. 加样(又称上样):将待分离样品加入已完成装柱的层析柱的操作。

5. 洗脱:用特定的溶液缓缓冲洗已加样的层析柱,使样品分离的操作。该溶液称为洗脱液。

6. 分部收集:将洗脱出来的液体按一定顺序、体积、速度分别收集的操作。

7. 洗脱曲线:以洗脱体积(V)为横坐标,洗脱物浓度(C)或吸光度(A)为纵坐标作出的曲线。

8. 保留体积:洗脱出某峰所需洗脱液的体积。

9. 保留时间:洗脱出某峰所需的时间。

10. 展层:在层析过程中,样品中各种组成成分随展开剂(流动相)的扩散而分离的过程。

11. 显色:展层后使纸上或薄层上被分离的组分显示出来的过程叫显色。用于显色的试剂称为显色剂。

层析的种类很多,根据分离的原理不同可分为吸附层析、分配层析、离子交换层析、凝胶层析(亦称凝胶过滤)、亲和层析、聚焦层析等;根据流动相的不同可分为液相层析、气相层析(或气相色谱);根据支持物装填方式不同分为纸层析、柱层析、薄层层析。

一、层析法理论

层析法理论的解释较多,目前,塔板理论被广泛用来阐明各种层析法的分离机制,成为各类型层析法的理论基础。这种理论是基于混合物中各组分的物理性质不同,当这些物质处于互相接触而互不相溶的两相中时,不同物质在两相中分布不同。

(一) 分配平衡

在色谱分离过程中,溶质既进入固定相,又进入流动相,这个过程称为分配过程。不论色谱机理属于哪一类,都存在分配平衡。分配进行的程度,可用分配系数 K 表示。

$$K = \frac{\text{溶质在固定相中的浓度}}{\text{溶质在流动相中的浓度}} = \frac{Cs}{Cm}$$

不同的层析,K 的含义不同。在吸附层析中,K 为吸附平衡常数;在分配层析中,K 为分配系数;在离子交换层析中,K 为交换常数;在亲和层析中,K 为亲和常数。K 值大,表示物质在柱中被固定相吸附较牢,在固定相中停留的时间长，出现在洗脱液中的时间较晚。相反，K 值小，溶质在洗脱液中出现较早。混合物中各组分的 K 值相差越大，则各物质越能得以完全分离。

（二）塔板理论

色谱分离的效果与色谱柱分离效能（柱效）有关。Martin 和 Synge 认为色谱分离的基本原理与分馏塔分离挥发性混合物的原理相仿，提出采用“塔板理论”来解释色谱分离的原理。每个塔板的间隔内，试样混合物在流动相和固定相中达到平衡，相当于一个分液漏斗。经多次平衡后，相当于一系列分液漏斗的液-液萃取过程。Martin 等把一根色谱柱看成许多塔板，当流动相 A 与固定相接触时，两种溶质按各自的分配系数进行分配。假设 a 物质的 $K = 9$，b 物质的 $K = 1$，则溶质 a 有 1/10 流入流动相，溶质 b 有 5/10 流入流动相。流动相继续往下移动，溶解在流动相中的溶质与没有溶质的固定相第二段相接触，固定相第一段则又接触没有溶质的流动相，溶质又继续在两相中进行分配。如此下移，经过多次分配后，由于它们的分配系数不同而将其分离。

二、几种常用层析简介

（一）吸附层析

吸附作用是指某些物质（吸附剂）能够从溶液中将溶质浓集在其表面的现象。在吸附剂从溶液吸附物质的同时，也有部分已被吸附的该物质从吸附剂脱离下来，称为解吸附（简称解吸）。在一定条件下，这种吸附与解吸附之间可建立动态平衡，称为吸附平衡。当达到吸附平衡时，在吸附剂表面上被吸附物质的数量多少，是该吸附剂对物质的吸附能力强弱的表现。

吸附剂的吸附能力强弱除决定于吸附剂及被吸附物质的性质外，还和周围溶液的组成有密切关系。当改变吸附剂周围溶剂的成分时，吸附剂的吸附能力即可发生变化，往往可使被吸附物质从吸附剂上解吸下来，这种解吸过程亦称为洗脱或展层。

吸附层析（absorption chromatography）就是利用吸附剂这种吸附能力可受溶剂影响而发生改变的性质，在样品中的物质被吸附剂吸附后，用适当的洗脱液洗脱，改变吸附剂的吸附能力，使被吸附的物质解吸而随洗脱液向前移动。但这些解吸下来的物质向前移动时，遇到前面新的吸附剂而又被吸附，它在后来的洗脱液洗脱下重新解吸下来，继续向前移动。经过这样的吸附-解吸-再吸附-再解吸的反复过程，物质即可随洗脱液的前进方向移动。其移动速度取决于当时条件下吸附剂对该物质的吸附能力。若吸附剂对于该物质的吸附能力强，其向前移动的速度慢；反之，若吸附能力弱，其移动速度就快。由于同一种吸附剂对样品中各组分的吸附能力不同,所以在洗脱过程中各组分便会由于移动速度不同而逐渐分离开来,这就是吸附层析的基本过程。

适用于吸附层析的吸附剂种类很多,其中运用最广泛的是氧化铝、硅胶及活性炭等,可根据待分离物质的种类与实验的要求适当选用。吸附层析根据操作方式不同,分为柱层析与薄层层析两种。

1. 柱层析:柱层析是利用玻璃柱盛固定相的一类层析方法。柱层析所用的玻璃柱,是一根适当尺寸的细长玻璃管,下端只留下一个小的出水口。在柱的底部要铺垫细孔尼龙网,或玻璃棉、垂熔滤板及其他适当的细孔滤器,使装入柱内的固定相不致流失。柱中充填被溶剂湿润的吸附剂,即成为吸附柱。然后在柱顶部加入待分离的样品溶液。假如样品内含 A 与 B 两种成分,则两者被吸附在柱上端,形成色圈。样品溶液全部流入吸附柱之后,随即加入合适的溶剂洗脱。在洗脱过程中,原被吸附的 A、B 两种成分经过吸附-解吸-再吸附-再解吸的过程,A 与 B 随着溶剂的向下流动而移动。由于溶剂对 A 与 B 的溶解力及吸附剂对 A、B 的吸附力不相同,所以 A 与 B 以不同的速度向下移动而逐渐分离,并从下端出口流出。分别收集洗脱液即可得到各组分分离的溶液,供进一步处理和测定。

2. 薄层吸附层析:薄层吸附层析是将吸附剂均匀地在玻璃板上铺成薄层,再把样品点在薄层板上。点样的位置靠近板的一端。然后把板的这端浸入适当的溶剂中,使溶剂在薄层板上扩展,并在这过程中通过吸附-解吸-再吸附-再解吸的反复进行,而将样品中各个组分分离开来。因为层析是在薄板上进行,故称它为薄层层析。由于薄层层析的操作简便,快速、灵敏、分离效果好,被广泛应用。

【薄板的制备】

所用玻璃板表面必须光滑、清洁。玻璃大小可根据需要而选用。玻璃形状多为长方形或正方形。

制薄板有两种方法:一是不加黏合剂,将吸附剂干粉直接均匀铺在玻板上,常称为“软板”。其制作简便,但易被吹散。另一种是加黏合剂(如煅石膏或羧甲基纤维素),将吸附剂加水调成糊状再铺板,经干燥后才能使用,常称“硬板”。其制备较复杂,但易于保存。

薄层层析的展层要在密闭的层析缸中进行,展层所需时间因展层方式(上行、下行或其他方式)及板式的长度不同而异,可从数分钟到数小时。一般以展开剂前沿走到距薄层板边缘 2 ~ 3 cm 时停止展层,然后取出,记下前沿位置，再行干燥和显色。

（二）分配层析

分配层析（partition chromatography）是利用混合物中各组分在两相中分配系数不同达到分离目的的层析技术。

分配系数是指在一定温度和压力条件下达到平衡时，物质在两种相互接触但互不相溶的溶剂中的比值。在分配层析中，分配系数就是指达到平衡时物质在固定相和流动相两部分的浓度的比值（见“分配平衡”）。

在分配层析中，固定相是极性溶剂（例如水就是最常用的极性溶剂），它需要能和极性溶剂紧密结合的多孔材料作为支持物，使成不流动状态。流动相则是非极性的有机溶剂。

在相同的溶剂体系中，不同物质的分配系数往往不相同。分配系数大的物质分布在固定相多一些，而分配系数小的物质则分布在流动相中多一些。这也就是用有机溶剂从水溶液中提取某些溶质（萃取）的依据。假定这溶剂体系的 A 相是水，B 相是有机溶剂，当我们在含有两种分配系数不同的物质水溶液中加入有机溶剂，充分振荡后，分配系数较大的物质就会在水相中残留较多，而溶解在有机溶剂的较少；反之，分配系数较小的物质在水相中残留较少，而更多地溶解在有机溶剂中。

在层析过程中，当有机溶剂流动相流经样品点时，样品中的溶质便按分配系数部分转入流动相随着流动相向前移动。当遇到前面的固定相时，溶于流动相的溶质又重新分配，一部分转入固定相中。通过这样不断地进行流动和再分配，溶质沿着流动相的流动方向不断前进。各种溶质由于分配系数不同，向前移动的速度也不同，分配系数较小的物质移动较快，而分配系数较大的物质移动较慢，从而将分配系数不同的物质分离开来。

分配层析所用的固定相支持物要选择与极性溶剂有较强亲和力，但对溶质的吸附却很弱的惰性材料，其中应用最广的是滤纸，也可选用纤维素粉、淀粉、硅藻土、硅胶等。根据这些固定相支持物的使用方式也可分为柱层析和薄层层析两种。下面着重介绍以滤纸为支持物的分配层析（纸层析）。

纸层析法以滤纸为载体，纸上吸附的水（约含 20% ~22%）是固定相。某些有机溶剂如醇、酚等是常用的流动相。把欲分离的物质加在纸的一端，使流动溶剂经此移动，这样就在两相间发生分配现象，由于物质分配系数不同就逐渐在纸上集中于不同的部位。在固定相中分配趋势较大的成分随流动相移动的速度就慢；反之，在流动相分配趋势较大的成分，移动速度就快。物质在纸上移动速率可以用相对迁移率 R_f 表示，即：

$$R_f=\frac{\text{色斑中心至原点中心的距离}}{\text{溶剂前沿至原点中心的距离}}$$

物质在一定溶剂中的分配系数是一定的,故移动速率(R_f 值)也是恒定的,因此可以根据 R_f 值来鉴定被分离的物质。

纸层析按操作方法分成两类即垂直型和水平型。垂直型是将滤纸条悬起,使流动相向上或向下扩散;水平型是将圆形滤纸置于水平位,溶剂由中心向四周扩散。

垂直型使用较广,按照待分离物质的多寡,将滤纸裁成条状,或长或短,在其一端离边缘 2 ~4 cm 处点样。待干后,将点样端边缘与溶液接触,在密闭的玻璃缸内进行展开(图 4 -1)。

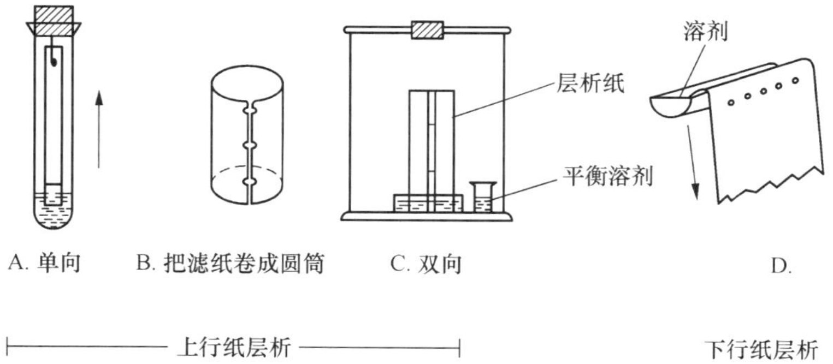

图 4 -1 纸层析装置

上述方法只用一种溶剂系统进行一次展开,称为单向层析。如果样品成分很多,而且彼此的 R_f 值相近,单向层析分离效果不佳,此时可采用双向层析法,即在长方形或方形滤纸的一角点样,卷成圆筒形,先在第一种溶剂系统展层。展层完毕后,吹干,转 90°,再放入另一种溶剂系统中,向另一方向进行第二次展层。如此反复,各成分分离较为清晰(图 4 -2)。

(三) 离子交换层析

离子交换层析(ion exchange chromatography)是利用交换剂对各种离子有不同的亲和力来分离混合物中各种离子的层析技术。在这类层析方法中,固定相就是离子交换剂,而以一定 pH 值和一定离子强度的溶液作为流动相。

离子交换剂是一类具有酸性或碱性基团(能和溶液中的阳离子或阴离子进行交换)的不溶性物质。根据其不溶性物质(母体)的化学本质,可以分为下列 3 类:①离子交换树脂(ion exchange resin);②离子交换纤维素;③离子交换葡聚糖凝胶。各种离子交换剂可以根据它们所含的酸性或碱性基团的解

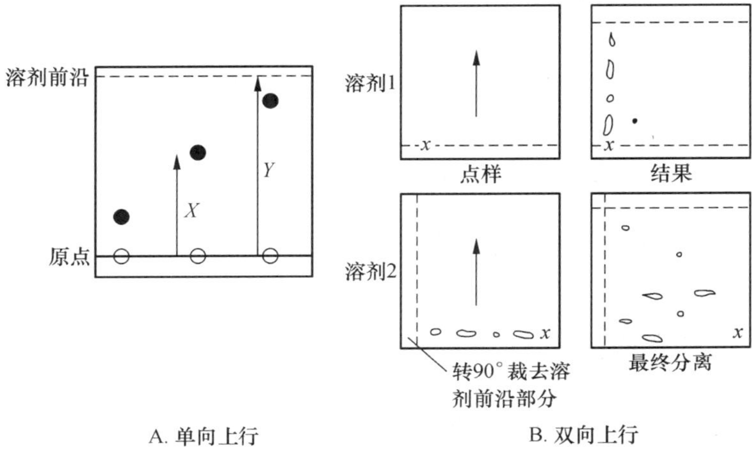

图4－2　纸层析点样、展层

离能力的强弱而进一步分类。

生物化学实验中常用的离子交换树脂的母体为交联聚苯乙烯，也有用交联甲基丙烯酸或其他类型树脂，根据它们所含的酸性或碱性基团不同（解离能力不同）而进一步分为多种类型。

离子交换层析的基本过程是：首先要将离子交换剂用水浸泡使之膨胀并洗去杂质，再用酸和碱处理（对离子交换纤维素和葡聚糖凝胶，常用 0.5 mol/L 的 HCl 和 NaOH），使之转变为带 H^+ 或 OH^- 形式，通常称之为“转型”。如果离子交换剂已经使用过，也可用这种方法使它恢复原来的离子型，这种处理称为“再生”。

$$R^- X^+ + HCl \longleftrightarrow R^- H^+ + XCl$$

阳离子交换剂　　　　氢离子型

（与阳离子 X^+ 结合的阳离子交换剂）

$$R^+ Y^- + NaOH \longleftrightarrow R^+ OH^- + NaY$$

阴离子交换剂　　　　氢氧离子型

（与阴离子 Y^- 结合的阴离子交换剂）

注意：对新的离子交换剂通常用酸和碱反复处理，以便获得良好的交换效果。

以处理好的离子交换剂装柱，待柱稳定后即可将样品加入，使样品待分离的离子与离子交换剂进行交换，通过电价键吸附在离子交换剂上。

（1）阳离子交换剂的作用：

$$R^- H^+ + M^+ A^- \longleftrightarrow R^- M^+ + HA$$

（氢离子型阳离子交换剂）　　（与 M^+ 结合的离子交换剂）

（2）阴离子交换剂的作用（图 4－3）：

$$R^+ OH^- + B^+ Y^- \longleftrightarrow R^+ Y^- + BOH$$

（氢氧离子型阴离子交换剂）　　（与 Y^- 结合的离子交换剂）

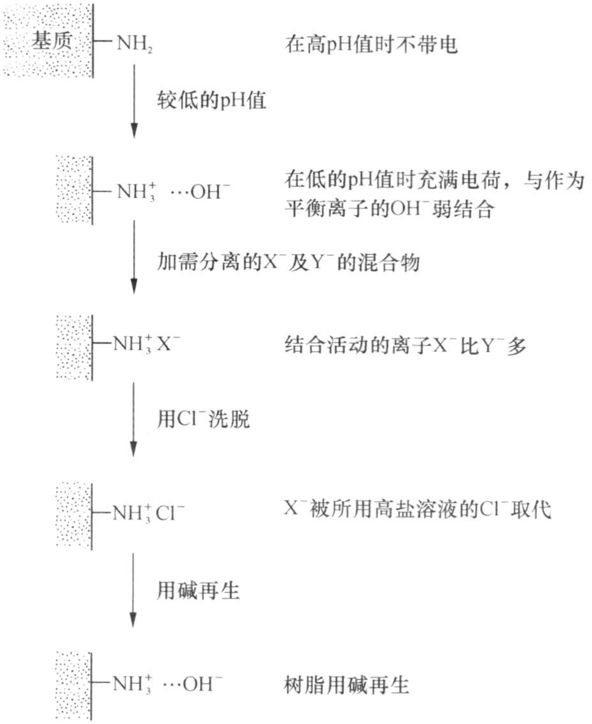

图 4－3　阴离子交换层析的各阶段

加样量根据实验目的和离子交换剂的交换能力（交换量）不同而有所不同，通常在柱上吸附样品离子的区带要紧密，且不超过柱上交换剂总体积（柱床体积）的 1% ～10%。而且，为了尽量减少其他离子的干扰，样品溶液的离子强度要低，而且氢离子浓度（pH 值）也要适当。然后，用基本上不会改变交换剂对样品离子吸附状况的溶液（例如低离子强度的起始缓冲液）充分冲洗柱子，将未吸附的物质洗出。最后，加入适当的洗脱液洗脱，逐步改变溶液的离子强度或 pH 值，使交换剂与被吸附的离子间的亲和力降低，样品中的不同组分便会以不同速度从柱上被洗脱下来，从而达到分离目的。逐步增加洗脱液的离子强度，洗脱液中的离子与样品离子竞争地与交换吸附剂结合的能力增加，使样品离子逐步从交换吸附剂上洗脱下来；改变溶液的 pH 值，可影响样品中物质的解离能力，从而降低交换剂对样品离子的亲和力。这就是能使物质被逐步洗脱下来的原因。

离子交换层析的洗脱方法有两种类型：①将几种不同离子强度或 pH 值的洗脱液依次相继加下去。这种方法简便，但洗脱液离子强度或 pH 值的改变是不连续的，样品中的各组分也要以阶梯式分若干阶段洗脱下来，分离效果往往不够理想。②通过专门的梯度发生装置，使洗脱液的离子强度或 pH 值逐渐地变化。这种变化是连续的而不是阶梯式的，分离效果比较满意，这种洗脱方式称为“梯度洗脱”。

（四）凝胶层析

凝胶层析（gel filtration chromatography）又称凝胶过滤，是选用孔隙大小一定的凝胶，将混合物中的大分子和小分子物质“筛”开来的一种分离方法。当一混合的蛋白质溶液通过凝胶柱时，分子直径小于凝胶孔隙的蛋白质可以进入胶粒内部，分子直径大于孔隙的则不能进入。这样，小分子蛋白质在前进时遇到的阻力大，流速慢，流程长。相反，大分子蛋白质不会进入胶粒内部，可以顺利地通过胶粒间的空隙，所以阻力小，流速快，流程短（图 4－4）。由于流速不同，就可以把分子大小不同的蛋白质分开。由于凝胶具有这种特性，所以把它称为“分子筛”。

凝胶颗粒具多孔性的网络结构。凝胶作为一种层析剂，它是不带电荷的物质，在层析时一般不换洗脱液，只是一种滤过作用，故又把凝胶层析称为凝胶过滤。

用于生物材料分离的凝胶主要有以下几类：交联葡聚糖（商品名 Sephadex）、聚丙烯酰胺凝胶（商品名 Bio－Gel）、琼脂糖凝胶（商品名 Sepharose）和交联琼脂糖（商品名 Sepharose CL）。

现以常见的交联葡聚糖为例进一步阐明其组成及其分子筛作用：将葡聚糖（dextran）悬浮于有机溶剂中，加入交联剂环氧氯丙烷后，交联聚合而成有三维空间的网络结构物。这种聚合物为白色珠状微粒，是多孔的网状结构。大分子不能进入，小分子能够进入。

凝胶的孔隙大小与交联剂的用量有关：交联剂多则交联度大，网状结构紧密，孔径小，可被分离物质的分子量也小；交联剂少则交联度小，网状结构

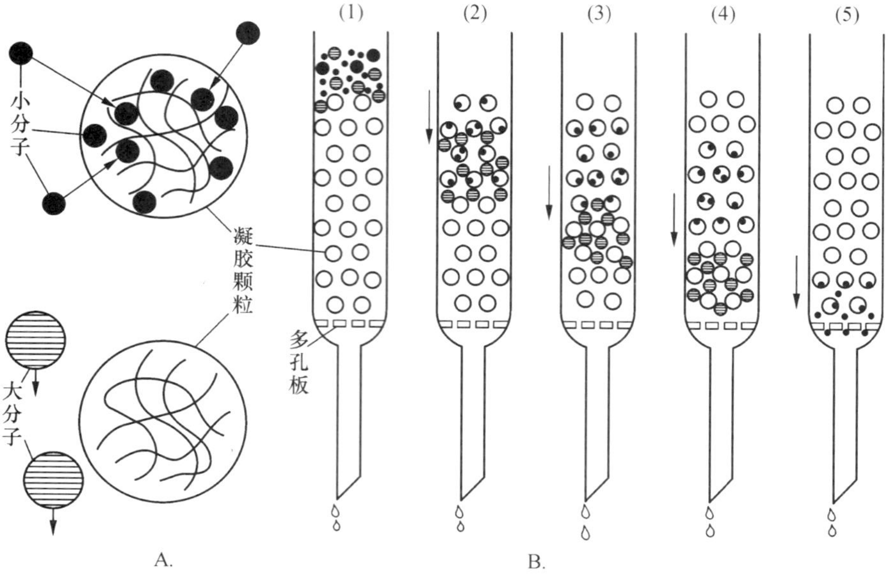

图 4-4 凝胶层析的原理

注：A. 小分子由于扩散作用进入凝胶颗粒内部而被滞留，大分子被排阻在凝胶颗粒外面，在颗粒之间迅速通过。

B. (1) 蛋白质混合物上柱；

(2) 洗脱开始，小分子扩散进入凝胶颗粒内，而大分子被排阻在凝胶颗粒之外；

(3) 小分子被滞留，大分子向下移动，大小分子开始分开；

(4) 大小分子完全分开；

(5) 大分子行程较短，已洗脱出层析柱，小分子尚在行进中。

疏松，孔隙大，可被分离物质的分子量也大。

膨胀是凝胶的重要特性。这是由于凝胶多糖链含有大量羟基而具有很强的亲水性，故能在水中膨胀。用于这类层析的凝胶都是多孔材料的颗粒。胶粒内部和胶粒之间都存有大量液体，所以层析柱中所装的凝胶柱总体积(Vt)是凝胶颗粒基质本身的体积(Vg)和凝胶颗粒内以及颗粒间隙的体积(Vi 和 Vo)的总和(图 4-5)，即

$$Vt = Vo + Vi + Vg$$

(1) 如果被分离的物质的分子很大，完全不能进入凝胶网孔内，那么它从柱上完全洗脱下来所需的洗脱液体积(Ve)就等于凝胶颗粒间的体积，即 $Ve = Vo$ (图 4-6 组分 Ⅰ)。

(2) 另一种极端情况是，某些物质的分子极小，可以非常自由地通过网孔

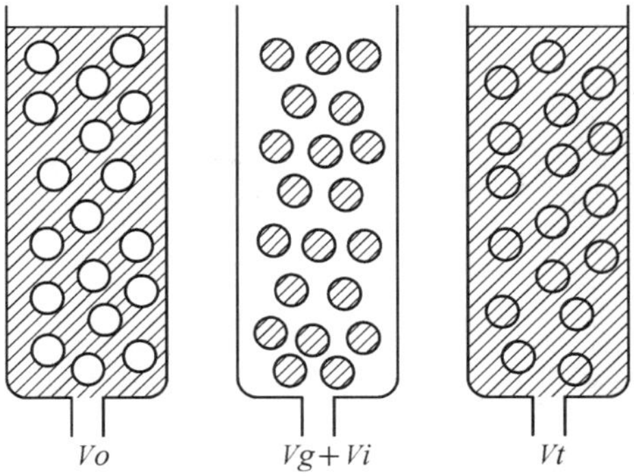

图 4-5　Vo、Vg、Vi 和 Vt 之间的关系示意图

注:斜线影部分表示水。

进出凝胶颗粒,那么它的洗脱体积就应当等于颗粒内与颗粒间隙的体积总和,即 $Ve = Vo + Vi$(图 4-6 组分Ⅲ)。

(3) 至于分子大小处于这两个极端之间的,它的洗脱体积就应在 Vo 到 $Vo + Vi$ 之间(图 4-6 组分Ⅱ)。因此,分子大小不同的物质,它们的洗脱体积不同,从而可以用于物质的分离。

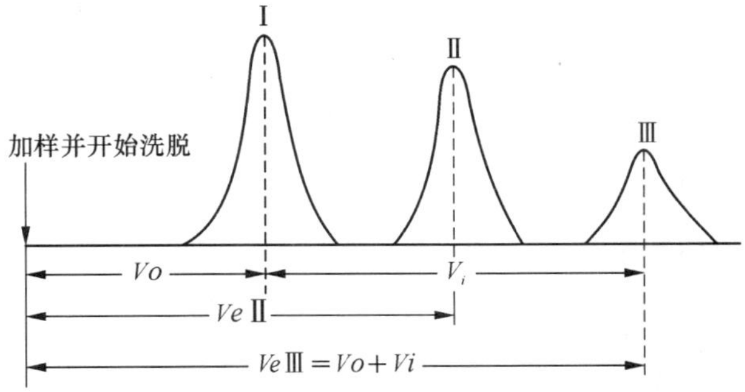

图 4-6　凝胶层析柱洗脱的 3 个部分示意图

另一方面,分子量和洗脱体积有关,所以在有适当已知分子量的物质作为标准进行比较的条件下,就可以根据洗脱体积来估计物质的分子量。这就是凝胶过滤法的两种主要的应用,其中以作为分离手段更为重要,可用于各种生物成分的分离提纯、脱盐(使高分子物质与小分子盐类物质分离)及组成分析等。

第五章　电 泳 技 术

带电粒子在电场中向与其所带电荷相反的电极移动的现象称电泳（electrophoresis）。利用这一特性来分离、纯化、鉴定和定量分析生物大分子和带电粒子的技术称为电泳技术（electrophoretic techniques）。

自从1937年瑞典科学家Tiselius根据电泳原理设计的第一台电泳装置问世以来，电泳的种类和方法有了较大的发展，电泳的分辨率也有了很大的提高。从最初的移界电泳到纸电泳、醋酸纤维薄膜电泳、聚丙烯酰胺凝胶电泳（polyacrylamide gel electrophoresis，PAGE）、SDS-聚丙烯酰胺凝胶电泳、等电聚焦电泳和双向电泳等，不仅电泳种类和方式有了很大改进，而且其分辨率也大为提高。利用双向电泳，可将含有5 000种蛋白质混合物的样品逐一分开。除此以外，还有将电泳和免疫技术结合起来的免疫电泳。免疫电泳不仅可用来定量分析，而且还可用来鉴定某些生物大分子的生物活性。

目前，各类电泳技术广泛应用于氨基酸、多肽、蛋白质和核酸等的基础研究和医学临床诊断，已成为一种十分重要的生化基本技术。本章主要介绍电泳的一般原理和应用。

一、电泳的基本原理

许多在生物学上有重要意义的分子，都具有可电离的基团，因此在溶液中可形成带正电荷或负电荷的质点（颗粒）。例如氨基酸、蛋白质、酶、核酸及其衍生物等都具有许多可解离的酸性基团和碱性基团，是两性电解质。这些分子所带电荷的性质和量，取决于其本身的性质、溶液的pH值以及溶液的离子强度。一般说来，在酸性溶液中（溶液的pH值 $<$ pI），分子带正电荷，在电场中向负极移动；在碱性溶液中（溶液的pH值 $>$ pI），分子带负电荷，在电场中向正极移动。由于各种分子的结构、性质、大小、形状及其所带电荷的多少不同，它们在电场中移动的速度也就不同。这就是电泳的基本原理。

带电颗粒在电场中的泳动速度常用迁移率表示，其含义是指带电颗粒在单位电场强度下泳动的速度，即

$$\mu = \frac{V}{E} = \frac{d/t}{U/L} = \frac{dL}{Ut}(\mathrm{cm^2/V \cdot s^{-1}}) \qquad (式5-1)$$

式中,μ 为迁移率;V 为颗粒泳动速度(cm/s);E 为电场强度(V/cm);d 为颗粒泳动距离(cm);L 为支持物的有效长度(cm);U 为加在支持物两端的实际电压(V);t 为通电时间(s)。因此,通过测量 d、L、U 和 t 便可计算出带电颗粒的迁移率。

在电泳过程中,一个带电颗粒受到电场的推动力(F)和泳动时的摩擦阻力(F')的影响,即

$$F = EQ \qquad F' = 6\pi r\eta V$$

当平衡时,$F' = F$。所以,$EQ = 6\pi r\eta V$

$$V = \frac{EQ}{6\pi r\eta} \qquad (式5-2)$$

式中,E 为电场强度;Q 为颗粒所带的净电荷量;r 为颗粒半径;η 为介质的黏度;V 为带电颗粒的泳动速度。从式 5-2 可知,颗粒的泳动速度与电场强度和颗粒电荷量成正比,与介质黏度和颗粒半径成反比。

二、影响电泳的因素

(一) 样品的性质

迁移率随颗粒的净电荷量的增加而增加。电荷量的大小,除与物质本身的性质有关外,一般由介质的 pH 值决定。摩擦阻力与分子大小和形状有关:颗粒半径越小,形状越近球形,颗粒泳动速度越快;否则,泳动速度越慢。例如纤维状蛋白质和球状蛋白质,其迁移特征显然不同。

(二) 电场强度

电场强度是指每 1 cm 支持物上的电势降。根据欧姆定律(电流 = 电压/电阻)可知,电流与电压成正比。在电泳过程中,溶液中的电流完全由缓冲液和样品离子来传导,因此迁移率与电流成正比。由此可知电场强度越高,带电颗粒的泳动速度越快;反之越慢。以纸电泳为例,滤纸长 15 cm,两端电势为 150 V,则电场强度 150 V/15 cm = 10 V/cm。如两端电势差不变,滤纸长缩短为 5 cm,则电场强度为 150 V/5 cm = 30 V/cm,其泳动速度将大大增加。

不过,电场强度越大或支持物短时,电流将随之增加,产热也增加,所以在进行高压电泳(500 ~ 10 000 V)时必须用冷却装置,否则可引起蛋白质等样品发生热变性而无法分离。

(三) 溶液的 pH 值

溶液的 pH 值决定了带电颗粒的解离程度,即决定了颗粒所带净电荷的多少。对蛋白质等两性电解质而言,pH 值离等电点越远,所带净电荷就越多,泳动速度就越快,所以必须选择一定的 pH 值,以保证所分离的蛋白质所带的电荷量有较大差异。

(四) 缓冲液的离子强度

在低离子强度时,可增加样品的电导率,加速电泳速度。但是,当离子强度过低时,缓冲液的缓冲容量小,不易维持 pH 值的恒定。此外,扩散比较严重,使分辨率明显降低。另一方面,当高离子强度时,可降低样品电导率,致使电泳速度减慢。而且由于总电流的增加,也会增加热的产生。因此选择离子强度时要两者兼顾,一般离子强度的选择范围在 0.02 ~0.2 之间。多价离子会使离子强度增高,所以电泳缓冲液常用单价离子化合物配制。

(五) 支持介质

通常使用比较惰性的材料作为电泳的支持介质,但它们的结构性质仍然对迁移率有很大的影响。主要表现在以下 3 个方面。

1. 吸附:支持介质对样品具有滞留作用,造成拖尾现象,因而样品的移动不能形成一条很清晰的带,降低了分辨率。滤纸的吸附作用最大,醋酸纤维薄膜基本上可消除这种现象。

2. 电渗:有的支持介质(如纸和淀粉胶)具有电渗作用,即在电场中缓冲液对于固体支持介质的相对移动。例如,在纸电泳中,由于滤纸的纤维素带负电荷,因感应作用而使与滤纸相接触的水溶液带正电荷,因此带正电荷的液体就带着溶解于其中的物质移向负极,从而加速了阳离子的前进,阻滞了阴离子的移动。如果样品标本移向负极,则泳动的速度加快;如标本移向正极,则速度降低。所以,电泳时颗粒的泳动速度取决于颗粒本身的泳动速度和缓冲液的电渗作用。醋酸纤维薄膜或聚丙烯酰胺凝胶的电渗作用比纸和淀粉胶小得多。

3. 分子筛:有的支持介质具有分子筛作用,如凝胶电泳。凝胶是凝胶溶液凝结而形成的,这就使得它具有筛样结构。凝胶的分子筛效应有助于某些单纯靠电荷效应不能奏效的化合物的分离,因而提高了电泳分辨率。

三、电泳的分类

(一) 按分离原理分类

根据分离原理,电泳可分为区带电泳、移界电泳、等速电泳和聚焦电泳 4 种。

1. 区带电泳:电泳过程中,不同的离子成分在均一的缓冲液体系中分离成独立的区带，这是当前应用最广泛的电泳技术。

2. 移界电泳：是 Tiselius 最早建立的电泳，它是在"U"形管中进行的，由于分离效果较差，已为其他电泳技术所取代。

3. 等速电泳：需专用电泳仪，当电泳达到平衡后，各区带分成清晰的界面，并以等速移动。

4. 等电聚焦电泳：由于具有不同等电点的两性电解质载体在电场中，自动形成 pH 梯度，使被分离物移动至各自等电点的 pH 处聚集成很窄的区带，且分辨率较高。从表面上看，与区带电泳相似，但原理不同。

（二）按有无固体支持物分类

根据电泳是在溶液还是在固体支持物中进行，可分为自由电泳和支持物电泳两大类。

1. 自由电泳：可分为：①显微电泳（也称细胞电泳），是在显微镜下观察细胞或细菌的电泳行为；②移界电泳；③柱电泳，是在层析柱中进行，可利用密度梯度的差别使分离的区带不再混合，如再配合 pH 梯度，则为等电聚焦柱电泳；④等速电泳等。

2. 支持物电泳：其支持物是多种多样的，也是目前应用最多的一种方法。其电泳过程可以是连续的或不连续的（分批），可进行常压电泳（100 ~ 500 V）、高压电泳（500 V 以上）、免疫电泳、等电聚焦电泳及等速电泳。

根据支持物根据特点可分为：①无阻滞支持物，如滤纸、醋酸纤维薄膜、纤维素粉、淀粉、玻璃粉、聚酰胺粉末、凝胶颗粒等。②高密度的凝胶，如淀粉凝胶，聚丙烯酰胺凝胶、琼脂或琼脂糖凝胶。

电泳槽的形式也是多种多样，有垂直的、水平的、柱状的、毛细管的。

由上述可见，电泳种类很多，电泳的原理基本相同，但不同的支持物或凝胶又有各自的特点。本章主要介绍一般生物化学实验室常用的醋酸纤维素薄膜电泳、琼脂（糖）电泳、聚丙烯酰胺凝胶电泳、等电聚焦电泳等有关的理论与用途。

四、几种常用电泳简介

（一）醋酸纤维薄膜电泳

采用醋酸纤维薄膜作为支持物的电泳方法称为醋酸纤维薄膜电泳（cellulose acetate membrane electrophoresis, CAME）。醋酸纤维是纤维素的羟基酰化所形成的纤维素醋酸酯，将它溶于有机溶剂（如丙酮、氯仿、氯乙烯、乙酸乙酯等）后，涂抹成均匀的薄膜，干燥后就成为醋酸纤维薄膜。醋酸纤维薄膜是一种良好的电泳支持物，具有电泳速度快、电渗现象小、对样品吸附少、经透明处理后标本可以长期保存等优点。

(二) 琼脂及琼脂糖凝胶电泳

琼脂电泳(agar electrophoresis)是最先使用的凝胶电泳。将琼脂配成1% ~2%的溶液,浇在玻璃上制成凝胶板,然后打孔、加样、电泳,其过程与醋酸纤维薄膜电泳类似。这种电泳的优点是凝胶含水量大(98% ~99%),近似自由电泳,分离样品受支持物影响较小,因此区带整齐、分辨力高、重复性较好。它的缺点:琼脂是一种强酸性物质,其组分果胶中硫酸根含量高,电渗作用严重。琼脂经过处理去除果胶后即为琼脂糖,以琼脂糖凝胶进行电泳,由于琼脂糖中硫酸根量较琼脂少,无明显电渗现象,使分离效果显著提高,因此琼脂电泳已被琼脂糖凝胶电泳(agarose gel electrophoresis)所代替。

(三) 聚丙烯酰胺凝胶电泳

聚丙烯酰胺凝胶电泳(polyacrylamide gel electrophoresis, PAGE)是以聚丙烯酰胺凝胶作为载体的一种区带电泳,这种凝胶由丙烯酰胺(acrylamide, Acr)和交联剂N、N′-甲叉双丙烯酰胺(N、N′- methylene - bis - acryamide, Bis)聚合而成的,其结构与聚合反应如图5-1所示。

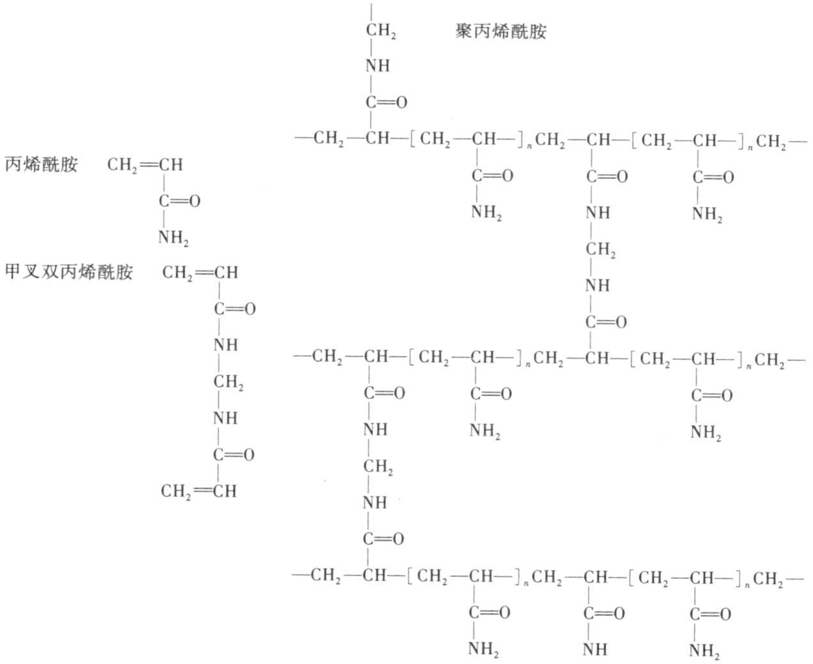

图5-1 聚丙烯酰胺凝胶的聚合与结构

Acr 或 Bis 无论单独存在或混合在一起都是稳定的，一旦出现自由基团时，就发生聚合反应。自由基团的引发分为化学和光化合两种方法。化学法的引发剂是过硫酸铵（Ap），催化剂为四甲基乙二胺（TEMED）；光化学法是在光线照射下，由光敏感物质核黄素来引发的，催化剂也是 TEMED。由于单体及交联剂经引发剂催化下的聚合，可因浓度、比例、聚合条件等不同而产生不同孔径的凝胶，但决定凝胶孔径大小的因素主要是凝胶的浓度。实际应用中，常按照分离物质的大小、形状来选择凝胶的浓度（表 5－1）。

表 5－1 不同分子量范围所选用的凝胶浓度

分子量范围	凝胶浓度（%）
蛋白质	
<10 000	20～30
10 000～40 000	15～20
40 000～100 000	10～15
100 000～500 000	5～10
>500 000	2～5
核酸（RNA）	
<10 000	15～20
10 000～100 000	5～10
100 000～2 000 000	2～2.6

聚丙烯酰胺既可以装入玻璃管中，垂直进行电泳（柱状电泳），也可以铺成凝胶平板，平卧或垂直进行电泳（板状电泳）。构成 PAGE 系统的各部分凝胶的浓度及孔径可各不相同，并且各部分缓冲液的 pH 值也可不相同，这样的电泳方式为不连续电泳（discontinuity electrophoresis）。其特点是分辨率高，样品需要量少（1～100 μg），混合物被分开后，所形成的区带非常狭窄，呈圆盘状（discoid shape）。过去 disc－electrophoresis 这个名字具有不连续性和盘状的双重含义，但后来用连续系统也可得到圆盘状区带。现在盘状电泳便泛指盘状的含义，不再强调不连续性的含义。

不连续盘状电泳有较高的分辨率，是由于在电泳过程中存在 3 种物理效应，即浓缩效应、电荷效应和分子筛效应。

1. 浓缩效应：电泳凝胶从上至下分为 3 层。第一层为样品胶，第二层为浓缩胶，第三层为分离胶。第一、二层凝胶属大孔径胶，缓冲液为 Tris－HCl，其中 pH 为 6.7；第三层为小孔径胶，Tris－HCl 缓冲液，pH 为 8.9；上下两槽电极缓冲液为 pH8.3 的 Tris－甘氨酸。这样就形成了缓冲液、pH、凝胶孔径的不连续性。最上层电极缓冲液中的甘氨酸在 pH 8.3 时，可部分解离为

$NH_2CH_2COO^-$,3 层胶中的 Tris - HCl 缓冲溶液中的 HCl 几乎全部电离为 Cl^-,样品胶中大部分蛋白质在 pH6.7 时也解离为带负电荷的粒子(因大部分蛋白质的等电点为 pH5.0 左右)。通电后,电极缓冲液中的甘氨酸进入浓缩胶缓冲液(pH 由 8.3 变为 6.7)使甘氨酸解离度降低,负电荷减少,迁移率明显下降(慢离子);相反,Cl^- 处于解离状态,且颗粒和摩擦力最小,其迁移率最大(快离子)。而蛋白质有较多的负电荷,其迁移率居中。结果在凝胶中,离子迁移率为 Cl^- > 蛋白质 > 甘氨酸。快离子 Cl^- 迅速向前移动,在快离子原来停留的地方,形成低离子浓度的低电导区。由于电导率与电场强度成反比,使电势梯度增强,迫使蛋白质和甘氨酸在此区域加速前进,追赶快离子;夹在快、慢离子中间的蛋白质样品在此追逐中被压挤聚集成一条狭窄的区带,使蛋白质样品浓缩数百倍。

2. 电荷效应:由于各种蛋白质所带有效电荷不同,因而泳动率也不同。在电泳中各种蛋白质就按泳动率大小顺序逐个分开,排列成一个一个的圆盘状区带。在进入分离胶时,电荷效应仍起作用。

3. 分子筛效应:当被浓缩的蛋白质样品从浓缩胶进入分离胶时,pH 值和凝胶孔径突然改变,pH 由 6.7 变为 8.9,甘氨酸的解离度增加,电荷增多,泳动速度大大增加,超过蛋白质的泳动速度,与 Cl^- 并驾齐驱。此时蛋白质在分离胶中处于均一电势梯度、均一的 pH、均一的小孔凝胶下电泳。由于凝胶聚合物的多孔网状结构,对大分子物质的穿透有一定阻力。颗粒大且形态不规则的分子受阻大,泳动速度慢;颗粒小,形状为球形的分子受阻力小,泳动快,表现出分子筛的效应。即使净电荷相近的组分,由于分子大小不同,也可因分子筛效应在分离胶中被分离开来。

(四) 等电聚焦电泳

在电泳支持物中加入人工合成的两性载体电解质 Ampholine(一类脂肪族的多氨基多羟基化合物)。通电后,两性载体电解质形成一个由阳极到阴极逐步递增的 pH 梯度,当分离的蛋白质样品泳动时,不同的蛋白质泳动到与其等电点相当的 pH 位置,形成分离的区带,不再泳动。等电聚焦(isoelectric focusing, IEF)电泳的优点是分辨率高,在等电点处只要有 0.02 pH 单位的差别就可以被分离,而且区带越走越窄,无扩散作用。这样从蛋白质所在的位置可以直接测出其等电点。缺点是不适于在等电点不溶或易发生变性的蛋白质。

(五) SDS -聚丙烯酰胺凝胶电泳

聚丙烯酰胺凝胶电泳之所以能将不同的大分子化合物分开,是由于这些分子的所带电荷的差异和分子大小不同之故。如果将电荷差异这一因素除去或减小到可以忽略不计的程度，分子在凝胶上泳动率的大小则完全取决于分子量。十二烷基硫酸钠(sodium dodecyl sulfate, SDS)是一种阴离子表面活性剂，它能按一定比例与蛋白质分子结合生成带负电荷的复合物，其负电荷远远超过了蛋白质原有的电荷差别，也就消除或降低了不同蛋白质之间原有的电荷差别，这样就使电泳迁移率只取决于分子大小这一个因素，就可根据标准蛋白质分子量的对数和迁移率所作的标准曲线，求得未知物的分子量。

(六) 聚丙烯酰胺凝胶高效双向电泳分离技术

常用于分离生物物质的圆盘和垂直平板凝胶电泳。其分离蛋白质的原理，主要是基于蛋白质分子除具电性外，还能在具有一定孔径的凝胶中移行，当达到蛋白质分子的“极限孔径”时不再移动，从而达到各类蛋白质各组分的分离目的。然而被分离的每一组(区带)蛋白质并不是单一的、质纯的，而是分子大小、等电距离相近、生物学性质不完全相同的一类混合蛋白质。

为了进一步提高电泳分辨能力，1975 年由 O'Farrell 以及 Klose 和 Scheele 等人发明了以聚丙烯酰胺凝胶为支持介质的两维电泳系统(即双向凝胶电泳-2DGE)。其原理是：第一相将样液加入柱状凝胶中，根据蛋白质各自的等电点不同用等电聚焦电泳分离；第二相是将第一相等电聚焦后的柱状胶直接放于 SDS-PAGE 垂直板凝胶上，主要按蛋白质分子量的不同再次分离，这样就能将复杂的蛋白质混合物在两维平面上分开，随后可应用放射性核素、荧光标记检测或银染等高灵敏性的技术观察电泳效果。这项高效电泳分离技术，可用于遗传变异的研究，同工酶谱与亚基的分析，以及临床器官移植中蛋白组成特性、免疫排斥的研究，在蛋白质组学研究方面已成为最有实用价值的核心技术之一。

五、样品的染色方法

经醋酸纤维薄膜、琼脂糖凝胶、聚丙烯酰胺凝胶电泳分离的各种生物分子需用染色法使其在支持物相应位置上显示出谱带，从而检测其纯度、含量及生物活性。蛋白质、糖蛋白、脂蛋白、核酸及酶等均有不同的染色方法，现分别介绍如下。

(一) 蛋白质染色

染色液种类繁多，各种染色液染色原理不同，灵敏度各异。使用时可根据需要加以选择。常用的染色液有以下几种。

1. 氨基黑10B(amino black 10B;又称为 naphthol blue black,萘酚蓝黑):氨基黑10B分子式为 $C_{22}H_{13}N_6S_2Na_3$,分子量为751,λmax为620~630 nm,是酸性染料。其磺酸基与蛋白质反应构成复合盐,是最常用的蛋白质染料之一,但对SDS-蛋白质染色效果不好。另外,氨基黑10B染不同蛋白质时,着色度不等,色调不一(有蓝、黑、棕等),作同一凝胶柱的扫描时,误差较大。需要时将各种蛋白质作出本身蛋白质-染料量(吸收值)的标准曲线,更有利于定量测定。

2. 考马斯亮蓝 R_{250}(Coomassie brilliant blue R_{250}, $CBBR_{250}$ 或 PAGE blue83):考马斯亮蓝 R_{250} 的分子式为 $C_{14}H_{44}O_7H_3S_2Na$,分子量为824,λmax为560~590 nm。染色灵敏度比氨基黑高5倍。该染料是通过范德华力与蛋白质结合,尤其适用于SDS电泳微量蛋白质染色。但蛋白质浓度超过一定范围时,对高浓度蛋白质染色不符合Beer定律,做定量分析时要注意这点。

3. 考马斯亮蓝 G_{250}(CBB250 或 PAGE blue G90):考马斯亮蓝 G_{250} 比 $CBBR_{250}$ 多两个甲基。分子量为850,λmax为590~610 nm。染色灵敏度不如 $CBBR_{250}$,近似于氨基黑,但却可克服 $CBBR_{250}$ 在脱色时易溶解出来的缺点。

4. 荧光染料

(1) 丹磺酰氯(2,5-二甲氨基萘磺酰氯;dansyl chloride, DNA-Cl):在碱性条件下与氨基酸、肽、蛋白质的末端氨基发生反应,使它们获得荧光性质,可在波长320 nm或280 nm的紫外灯下,观察染色后的各区带或斑点。蛋白质与肽经丹磺酰化后并不影响电泳迁移率,因此少量丹磺酰化的样品还可用作无色蛋白质分离的标记物。而且,丹磺酰化不阻止蛋白质的水解,经分离后从凝胶上洗脱下来的丹磺酰化的蛋白质仍可进行肽的分析,不受蛋白酶干扰。在SDS存在下,也可用本法染色。将蛋白质溶解在含10% SDS的0.1 mol/L Tris-HCl-乙酸盐缓冲液(pH8.2)中,加入丙酮溶解的10%丹磺酰氯溶液,并用石蜡密封试管,50℃水浴保温15 min,再加入β-巯基乙醇(mercaptoethanol, β-ME),使过量的丹磺酰氯溶解,这种混合物不经纯化就可电泳。

(2) 荧光胺(fluorescamine):作用与丹磺酰氯相似。其自身及分解产物均不显示荧光,因此染色后也没有荧光背景。由于引进了负电荷,因而引起电泳迁移率的改变。但有SDS存在下,这种电荷效应可忽略。近年,荧光胺也已用于双向电泳的蛋白染色。

5. 银染色法:此法较 $CBBR_{250}$ 灵敏100倍。但染色机制尚不清楚,可能与摄影过程 Ag^+ 的还原相似。

（二）脂蛋白染色

1. 油红(oil red)O 染色：将凝胶先用5%乙醇固定20 min，用 H_2O 漂洗吹干后，再用油红 O 应用液染色 18 h，在乙醇∶水 =5∶3 中浸洗 5 min，最后用蒸馏水洗去底色。必要时可用氨基黑复染，以证明是脂蛋白区带。

2. 苏丹黑 B(sudan black B)：将2 g 苏丹黑 B 加60 ml 吡啶和40 ml 醋酸酐混合，放置过夜。再加3 000 ml 蒸馏水，乙酰苏丹黑即析出。抽滤后再溶于丙酮中，将丙酮蒸发，剩下粉状物即为乙酰苏丹黑。将乙酰苏丹黑溶于无水乙醇中，使其呈饱和溶液。用前过滤，按样品总体积1/10 量加入乙酰苏丹黑饱和液将脂蛋白预染后进行电泳。此染色适用于琼脂糖电泳及 PAGE 脂蛋白的预染。

（三）核酸的染色

核酸染色一般可将凝胶先用三氯乙酸、甲酸-乙酸混合液、氯化高汞、乙酸、乙酸镧等固定，或者将有关染料与上述溶液配在一起，同时固定与染色。有的染色液同时染 DNA 及 RNA，如溴化乙啶等，也有 RNA、DNA 各自特殊的染色法。

1. RNA 染色法

(1) 焦宁 Y(pyromine Y)：此染色料对 RNA 染色效果好，灵敏度高。RNA 在2.5% PAGE，直径为0.5 cm 的凝胶柱中检出的灵敏度为0.3 ~0.5 μg；若选择更合适的 PAGE 浓度，检出灵敏度可提高到0.01 μg。脱色后凝胶本底颜色浅而 RNA 色带稳定，抗光且不易褪色。此染料最适浓度为 0.5%。低于0.5%则 RNA 色带较浓，高于0.5%也并不能增加对 RNA 染色效果。此外，焦宁 G(pyromine G)也可用于 RNA 染色。

(2) 甲苯胺蓝 O(toluidine blue O)：其最适浓度为 0.7%，染色效果较焦宁 Y 稍差些。因凝胶本底脱色不完全，较浅的 RNA 色带不易检出。

(3) 次苯甲基蓝(methylene blue)：染色效果不如焦宁 Y 和甲苯胺蓝 O，检出灵敏度较差，一般在5 μg 以上，染色后 RNA 条带宽，且不稳定，时间长，易褪色。但次甲基蓝易得，溶解性能好，所以较常用。

(4) 吖啶橙(acridine orange)：染色效果不太理想，本底颜色深，不易脱掉。与焦宁 Y 相比，RNA 色带较浅，甚至有些带检不出。但却是常用的染料，因为它能区别单链或双链核酸(DNA，RNA)，对双链核酸显绿色荧光(530 nm)，对单链核酸显红色荧光(640 nm)。

(5) 荧光染料溴化乙啶(ethidium bromide，EB)：可用于观察琼脂糖凝胶电泳中的 RNA、DNA 带。EB 能插入核酸分子中碱基对之间，导致 EB 与核酸结合。超螺旋DNA与EB结合能力小于双链闭环DNA,而双链闭环DNA与EB结合能力又小于线性DNA,可在紫外分析灯(253 nm)下观察荧光。如将已染色的凝胶浸泡在1 mmol/L $MgSO_4$ 溶液中1 h,可以降低未结合的EB引起的背景荧光,对检测极少量的DNA有利。

EB染料具有下列优点:操作简单,凝胶可用1~0.5 μg/ml的EB染色,染色时间取决于凝胶浓度,低于1%琼脂糖的凝胶染15 min即可。多余的EB不干扰在紫外灯下检测荧光,染色后不会使核酸断裂。而其他染料做不到这点,因此可将染料直接加到核酸样品下,以便随时用紫外灯追踪检查。灵敏度高,对1 ng RNA、DNA均可显色。溴化乙啶产生的荧光在紫外光源下放置时间过长能被淬灭,也容易受一些化学物质的污染而淬灭。EB染料是一种强烈的诱变剂,操作时应注意防护,应戴上聚乙烯手套。实验室中的EB污染物应妥善处理。

2. DNA染色法:除了用EB染色外,还有以下几种方法。

(1) 甲基绿(methyl green):一般将0.25%甲基绿溶于0.2 mol/L、pH4.1的乙酸缓冲液中,用氯仿抽提至无紫色,将含DNA的凝胶浸入,室温下染色1 h即可显色。此法适用于检测天然DNA。

(2) 二苯胺(diphenylamine):DNA中的α-脱氧核糖在酸性环境中与二苯胺反应,再在沸水浴中加热10 min即可显示蓝色区带。此法可区别DNA和RNA。

(3) 富尔根染色(Feulgen staining):用此法染色前,应将凝胶用1 mol/L HCl固定,然后用希夫试剂(Schiff reagent)在室温下染色。这是组织化学中鉴定DNA的方法。

此外还可用甲烯蓝、哌咯宁B等一些其他染料染色,或用2%焦宁Y、1%乙酸镧、15%乙酸的混合溶液浸泡含DNA的凝胶,染色过夜。

第六章　离 心 技 术

离心技术(centrifugal techniques)是生物学研究中应用很广的分离技术,常用于高分子物质(如蛋白质、核酸)以及细胞或亚细胞成分的分离、提纯和鉴定。

一、离心分离技术基本原理

需要离心分离的生物样品,常预先制成悬浮液。将处于悬浮状态的细胞、细胞器、病毒和生物大分子等都称为颗粒。每个颗粒都有一定的大小、形状、密度和质量。离心技术就是利用离心机的转子高速旋转时产生的强大离心力,使置于该旋转体中的悬浮颗粒发生沉降或漂浮,从而使某些颗粒达到浓缩或与其他颗粒分离的目的。

物质颗粒在单位离心力作用下的沉降速度称为该物质的沉降系数,其单位为斯维德伯格单位(Svedberg unit),符号为S。每克的溶质分子在0.1 Pa离心力的力场中沉降速度为每秒 10^{-13} cm,即1 S。不同物质由于其颗粒大小、形状、密度不同以及介质的密度和黏度不同,其S值也不同。因此在同样的离心力作用下,其沉降速度也不同。例如水中各种亚细胞成分的S值有很大差别:细胞核约为 10^7 S,线粒体约为 10^5 S,而多核蛋白体仅约 10^2 S。所以在离心时,细胞核比其他两种亚细胞成分沉降快得多。

颗粒的沉降速度与作用在颗粒上的各种力的大小和力的方向有关。颗粒除受到上述的离心力(F_c)外,还受到颗粒在介质中移动时的摩擦阻力(F_f),与离心力相反方向的浮力(F_B),颗粒处于重力场之下的重力(F_g)和与重力方向相反的浮力(F_b)。各力的作用方向见图6-1。此外还有周围介质小分子的作用,当颗粒很小时,介质分子对颗粒的作用力十分明显,要使这种小颗粒沉降,需要更大的离心力。在此我们只讨论比介质分子大得多的颗粒,因此介质作用力可不考虑。

(一) 离心力

离心力(F_c)的大小等于离心加速度($\omega^2 R$)与颗粒质量(m)的乘积,即

$$F_c = m\omega^2 R \qquad (式6-1)$$

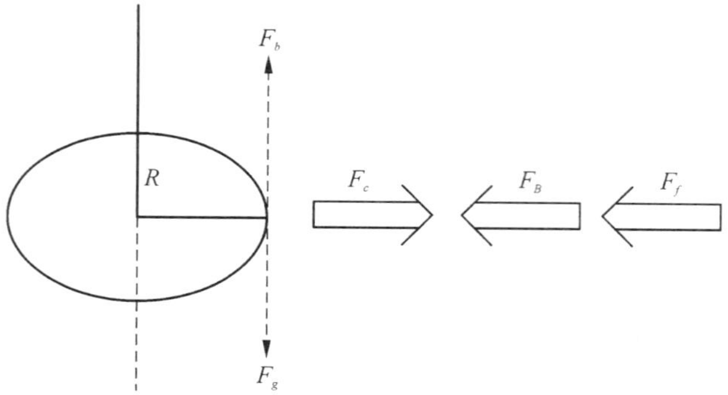

图 6-1 颗粒的沉降速度与各种作用力的大小和方向关系

注:F_c:离心力;F_B:浮力;F_f:摩擦阻力;F_g:重力;F_b:由重力引起的浮力。

式中,ω 是旋转角速度,以弧度/秒为单位;R 是颗粒离开旋转中心的距离,以 cm 为单位;m 是质量,以 g 为单位。离心力的方向为颗粒离开轴心的方向。

(二) 介质的摩擦阻力

1856 年,Stocke 建议介质对颗粒的摩擦阻力(F_f)用下式表示:

$$F_f = 6\pi\eta \cdot r_p \frac{\mathrm{d}x}{\mathrm{d}t} \qquad (式 6-2)$$

式中,η 是介质的黏度(厘泊,cP);r_p 是颗粒的半径(cm);$\mathrm{d}x/\mathrm{d}t$ 是颗粒在介质中的移动速度(cm/s),又称为沉降速度(V)。上述方程只适用于球形颗粒,但不少生物颗粒并非球形,有椭圆形、扁圆形、棒形或线形等,使得情况更复杂。对于椭圆形颗粒的 Stocke 阻力方程应改成:

$$F_f = 6\pi\eta \cdot r_p \left(\frac{\mathrm{d}x}{\mathrm{d}t}\right)\left(\frac{f}{f_0}\right) \qquad (式 6-3)$$

式中,f_0 为球形摩擦系数,f 为同球形等体积的扁圆形或椭圆形的摩擦系数。从 f/f_0 可见,偏离球形越大,f 越大,则阻力 F_f 值也越大。

(三) 浮力

在重力场中,浮力的定义是指被物体所排开周围介质的重量。但在离心场的情况下,颗粒的浮力与离心力方向相反,为颗粒排开介质的质量与离心加速度的乘积,即

$$F_B = \frac{m}{\rho_p}(\rho_m)\omega^2 R = \frac{\rho_m}{\rho_p} m\omega^2 R \qquad (式 6-4)$$

式中，ρ_p 为颗粒密度（g/cm^3），ρ_m 为介质密度（g/cm^3），m/ρ_p 位介质的体积，$(m/\rho_p)\rho_m$ 为颗粒排开介质的质量。

另外，重力的方向与离心力的方向互相垂直，同离心力相比显得十分小，可以忽略不计。同时由重力而产生的作用在颗粒上的浮力（F_b）也可不计。

综上所述，在离心场中，作用于颗粒上的力主要有离心力（F_c），浮力（F_B）和摩擦阻力（F_f）。

$$F_c = F_B + F_f \qquad \text{（式 6-5）}$$

将上述公式代入整理后得：

$$V = \frac{\mathrm{d}x}{\mathrm{d}t} = \frac{d^2(\rho_p - \rho_m)}{18\eta}\omega^2 R \qquad \text{（式 6-6）}$$

式中，d 为颗粒直径（cm），对于非球形颗粒还应考虑 f/f_0 的摩擦系数比，即

$$V = \frac{\mathrm{d}x}{\mathrm{d}t} = \frac{d^2(\rho_p - \rho_m)}{18\eta f/f_0}\omega^2 R \qquad \text{（式 6-7）}$$

此时：①颗粒的沉降速度与颗粒直径的平方、颗粒密度和介质密度的差值以及离心加速度成正比，而与介质的黏度、颗粒偏离球形的程度成反比。②当颗粒的密度 ρ_p 大于介质密度 ρ_m 时，颗粒发生沉降；反之 $\rho_p < \rho_m$，颗粒漂浮；而当 $\rho_p = \rho_m$ 时，颗粒不沉不浮。③在离心加速度 $\omega^2 R$ 不变的情况下，颗粒的沉降速度主要决定于颗粒的直径大小和颗粒的形状，而颗粒的密度所起的作用较小。

二、相对离心力和离心时间

（一）相对离心力

相对离心力（RCF）是指在离心力场中，作用于颗粒的离心力相当于地球引力的倍数，单位是重力加速度 g（980 cm/s^2）。RCF 公式如下：

$$RCF = \frac{F_c}{F_g} = \frac{m\omega^2 R}{mg} = \frac{\omega^2 R}{g} = \frac{(2\pi rpm/60)^2 R}{980} = 1.118 \times 10^{-5} R(rpm)^2 \qquad \text{（式 6-8）}$$

式中，R 为离心转子的半径距离，以 cm 为单位。rpm 为转头转速，以 r/min表示。

一般情况下，低速离心时常以 r/min 来表示，超速离心则以 g 表示。计算

颗粒的相对离心力时,应注意离心管与旋转中心的距离 R。由于转子的形状及设计差异,离心管的口部和底部到旋转轴中心距离差异很大。

例如:管口 $R = 4.8$ cm,管底 $R = 8.0$ cm, $rpm = 12\,000$ r/min

$RCF_{口部} = 1.118 \times 10^{-5} \times (12\,000)^2 \times 4.8 = 7\,728 \times g$

$RCF_{底部} = 1.118 \times 10^{-5} \times (12\,000)^2 \times 8.0 = 12\,879 \times g$

如上所述,作用于离心管口部和底部的离心力相差近乎 1 倍。这不仅说明了超速离心时 g 代替 r/min 的原因,也说明了 R 应指旋转轴中心到某被分离物质颗粒在离心管中所处位置的距离,该颗粒所受到的离心力随其在管中的移动而变化。科技文献中离心力的数据常指其平均值,即离心管中点的离心力。

为了便于进行转速和相对离心力之间的换算,Dole 和 Cotzias 在相对离心力公式的基础上制作了三者关系的列式计算图(图 6-2)。

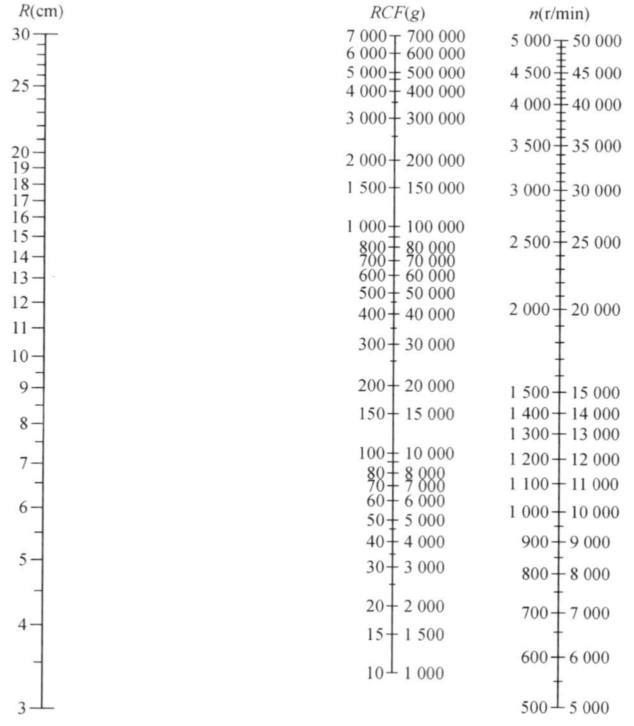

图 6-2 离心机列线图

注:R 为离心机头的半径(角头),或离心管中轴底部内壁到离心机转轴中心的距离(甩平头),单位为 cm。n 为离心机的转速,单位为 r/min。RCF 为相对离心力,以地心引力即重力加速度的倍数来表示,即 g 表示。

查列线图的方法：只要找到半径 R，转速 n 的位置，用直尺将两点连线，与 RCF 线交叉处为相对离心力的位置（注：转速位置读左边，RCF 也读左边，相反转速读右边，RCF 也读右边。此法快速简便）。

（二）沉降时间

沉降时间（t）为在某一介质中使一种球形颗粒从液体的弯月面沉降到离心管底部所需要的离心时间。沉降时间与沉降速度成反比。

离心时间是由实验要求所决定的，为了避免不稳定颗粒的凝集、挤压损伤或变性失活，并使扩散所导致的区带加宽现象减弱。在保证分离的前提下，应尽可能缩短离心时间。相反，分离某些沉降较快的大颗粒时，为了达到预期的分离效果，往往使用黏度较大的梯度，以阻止颗粒的过度沉降，并延长离心时间。

三、离心机的分类

目前在生物医学领域内常用的离心机种类繁多，按其离心转子能达到的最高转速分为 3 类：①普通离心机（低速离心机），转速一般可达 4 000 r/min；②高速离心机，转速可达 20 000 r/min；③超速离心机，转速可达 70 000 r/min 或更高。后两类离心机的应用日益广泛，已成为现代生物学研究的重要手段。

四、离心分离的种类

根据离心分离的原理，可设计出各种离心分离的方法，归纳起来有差速离心法和密度梯度离心法两大类。

（一）差速离心法

差速离心是通过不断增加相对离心力的办法，使沉降速度不同的颗粒，在不同离心速度及不同离心时间下分批离心的方法。差速离心一般用于分离沉降系数相差较大，不稳定，易变性、易受梯度介质损伤的颗粒。

进行差速离心时，首先要选择好颗粒沉降所需要的离心力和离心时间。离心力过大或离心时间过长，容易导致大部分或全部颗粒沉降及颗粒被挤压损伤。在一定离心力，一定时间内进行离心时，在离心管底部就会得到最大和最重颗粒的沉淀，分出的上清液进一步加大转速再次进行离心，又得到第二部分较大、较重颗粒的沉淀及含更小而轻颗粒的上清液。如此多次离心处理，即能把液体中的不同颗粒较好地分离开，此法所得沉淀是不均一的，仍混杂有其他成分，需经再悬浮和再离心（2 ~ 3 次），才能得到较纯的颗粒。

差速离心法主要用于分离细胞器和病毒。其优点是:操作简单,离心后用倾倒法即可将上清液与沉淀分开。缺点是:①分离效果差,不能一次得到纯颗粒;②壁效应严重,特别当颗粒很大或浓度很高时,在离心管一侧会出现沉淀;③颗粒被挤压,离心力过大,离心时间过长会使颗粒变形,聚集而失活。

差速离心的分辨率不高,沉降系数在同一个数量级内的各种颗粒不容易分开,它常用于其他分离手段之前的粗制品提取。

(二)密度梯度离心法

密度梯度离心法包括速度区带和等密度离心两种方法,后者又可分为预制梯度等密度及自形成梯度等密度两种方法。

1. 速度区带离心法:速度区带离心法是在离心前离心管内先装入密度梯度介质(如蔗糖、甘油、KBr、CsCl 等),待分离的样品铺在梯度液的顶部或梯度层中间,同梯度液一起离心。由于离心力的作用,颗粒离开原样品层,按不同沉降速度向管底沉降,离心一定时间后,沉降的颗粒逐渐分开,最后形成一系列界面清楚的不连续区带。沉降系数越大,往下沉降越快,所呈的区带也越低。沉降系数较小的颗粒,则在较上部分依次出现。在离心过程中,区带的位置和形状(或宽度)随时间而改变,因此区带的宽度不仅取决于样品组分的数量、梯度的斜率、颗粒的扩散作用和均一性,也与离心时间有关。时间越长,区带越宽,适当增加离心力可缩短离心时间,并可减少扩散所导致的区带加宽现象,增加区带面的稳定性。

2. 预制梯度等密度离心法:预制梯度等密度离心分离颗粒的方法,也要求在离心前预先配制介质的密度梯度,常用的梯度介质为蔗糖、CsCl 和 Cs_2SO_4。待分离的样品一般也铺在梯度液顶上,其密度应小于顶部的梯度密度。如果夹在梯度液中间或管底部,应调节样品密度,以防未离心就上浮或沉淀。离心时当不同颗粒存在浮力密度差时,在离心力场作用下,颗粒或向下沉降,或向上浮起,一直沿梯度移动到与它们密度恰好相等的位置上(即等密度点)形成区带,此即为等密度离心法。此法因达到平衡所需时间较长,故需较长时间的离心。

预制梯度等密度离心法与速度区带离心法虽有相似之处,都是预先将介质铺成梯度,但它们所依赖的基础、离心时间、转速及颗粒与周围介质的密度是否相等诸方面是有一定差别的。

3. 自形成梯度等密度离心法:某些密度梯度介质经过离心后会自身形成梯度,这种性能取决于介质的本质。如蔗糖、甘油等梯度材料在离心后不会形成线性梯度,而 Percoll 则可迅速形成梯度。CsCl、Cs_2SO_4 和三碘苯甲酰葡葡糖胺经长时间离心后也可产生稳定的梯度,这是由于梯度溶质的沉降与扩散相平衡,需要离心分离的样品可和梯度介质先均匀混合。梯度介质由于离心力的作用逐渐形成管底部浓而管顶部稀的密度梯度,与此同时原来分布均匀的颗粒也发生重新分布。当管底介质的密度大于颗粒的密度即$\rho_m > \rho_p$时,颗粒上浮;当管顶处$\rho_m < \rho_p$时,则颗粒沉降;最后颗粒进入到一个它本身的密度位置,即$\rho_m = \rho_p$,颗粒不再移动。自成梯度等密度离心法总的离心时间应包括梯度介质形成密度梯度达到平衡的时间和样品颗粒进入等密度所需时间的总和,故所需时间较长,一般为十几小时至几十小时。离心时间与离心管内液柱长短有关,也与梯度材料的扩散系数有关。

五、普通离心机使用注意事项

(1) 离心机为高速旋转设备,放置必须绝对平衡,否则会产生强烈震动甚至移位。

(2) 在启动离心机时,应检查开关是否在零位,调速器是否在零或在转速较小处,用手轻轻转动转轴看是否能自由旋转,有无卡、磨现象。

(3) 离心机的金属(或塑料)离心套管必须完整,管底应垫好软垫(棉花或胶垫)。

(4) 离心前将两支装有标本的离心管放入离心套管内,在天平称量,使之重量平衡,以免因两侧重量不均造成事故。然后把两支平衡好的离心管连同离心套管一起分别置于离心机对称位置上,以保持平衡。

(5) 将离心机盖好,接上电源,开启开关,调节速度按钮,使电动机的转速逐步加快至所需的转速,切不可将转速一下调至最大,以免引起剧烈振动、损坏电机或使离心管破碎。

(6) 离心完毕,将调速按钮逐步降低至零,关上开关,除去电源,任其自行旋转,待离心机停稳后方可取出离心物。切勿用手或其他物件强行减速。

(7) 使用完毕,必须用干布擦净离心套管内的液体。如有酸,碱沾污,应用水冲洗后再擦干,以免金属离心管被腐蚀、生锈而损坏。

(8) 在使用中如发现声音不正常,应立即切断电源,待检查修复后再使用。

(9) 操作人员不得远离工作中的离心机。

第七章　透析技术

透析是利用小分子能通过而大分子不能通过半透膜的原理把大、小分子分开的一种重要手段。通常的做法是将大、小分子的混合物放进用半透膜制成的透析袋里并沉没在大量的水中，袋内的小分子就不断通过膜进入外部溶剂中直至达到平衡(图 7－1)。如果采用流水透析或不断更换透析袋外的溶剂，可以做到袋内的混合物几乎不含小分子。如含有盐的蛋白质溶液，经过透析可以将盐除去。透析的速度受一些因素的影响，下面简略地讨论一下这些因素。

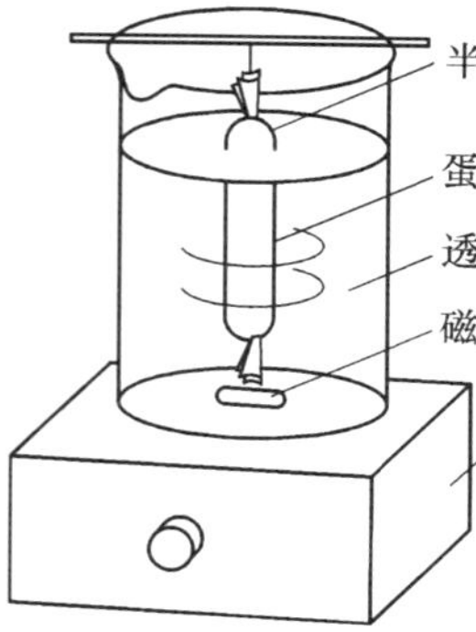

图 7－1　透析装置

一、膜

1. 材料：是一种有选择性的半透膜。如玻璃纸、火棉胶、羊皮纸、动物膜以及 Visking 赛璐玢等。各种规格的火棉胶袋已制成商品出售，也可以用玻璃纸代替火棉胶。

2. 制备：先将一适当大小和长度的透析袋放在碱性的 EDTA 溶液(Na_2CO_3 10 g/L, EDTA 1 mol/L)中沸腾 30 min，以避免待透析的分子损失活性，然后，用蒸馏水洗涤透析袋，结扎袋的一端。将要透析的溶液充满透析袋，然后结扎顶部。由于湿的透析袋非常容易受微生物的感染，透析最好在新制备的透析袋中进行。如果必须保存透析袋，则应在溶液中加入恒量苯甲酸。

3. 通透性：透析袋的通透性因袋的大小和预处理的方法不同而异。但透析过夜时，半透膜大体可以允许分子量 30 000 以下的化合物通过。实际上没有严格的界限，透析时间延长时稍大的分子也可透过膜。有一系列的商品材料具有更高的透析速度和更精细的通透范围，可做精细分离之用。

二、透析操作

1. 透析液：一般地说，透析的速度在蒸馏水中最大，虽然通常需要特定的 pH 值和离子强度的水溶液来稳定所研究的分子，仍常常选用蒸馏水作为透析液。

2. 装袋：透析时水将进入透析袋，因此应该将透析袋装满，以避免透析的材料过于稀释。

3. 透析：将袋中透出来的盐及小分子及时驱散，保持袋内、外的浓度差，有利于小分子的扩散作用快速进行。所以，配合使用磁力搅拌器，并经常更换透析液，可以加快透析速度。

4. 浓缩：如果用一种不活泼的高分子化合物如聚乙烯醇 6 000 代替通常使用的水溶液作为溶剂，则透析时水就会由透析袋中渗出。用这种方法透析过夜，可将 200 ml 溶液浓缩至几毫升。

三、物理条件

1. 温度：透析速度也受温度的影响，温度越高透析速度越快。提高温度时，溶剂的黏度下降而扩散速度增加。此外，许多大分子对温度很敏感，因此蛋白质等的透析通常在低温条件下进行。

2. 压力：大分子和小分子的分离也受通过膜时的压力梯度影响。可将透析袋放在真空中（而不放在溶液中），并敞开透析袋的一端，此时水和小分子会渗出透析袋形成超滤液，而留在透析袋中是被浓缩的大分子。这个过程称为超滤。

四、董南膜平衡

由于大分子电解质的存在，而使一般电解质不均等分配在半透膜两侧的平均状态，称为膜的平衡。

蛋白质溶液的渗透压与溶液的 pH 值有关系。在环境 pH 值小于 pI 时，蛋白质以阳离子存在，带有正电荷；而在环境 pH 值大于 pI 时，以阴离子存在，带有负电荷。当蛋白质盐溶液透析时，带电的蛋白质不能透过半透膜，而溶液中对立的阴离子或阳离子就要通过半透膜以平衡电荷，这就导致电荷在膜的两边分布不均衡，同时产生 pH 值的变化。这种现象就称为董南（Donnan）效应，又称董南平衡。如带负电荷的蛋白质盐溶液对水透析时，蛋白质不能透过透析袋，而它的反离子（Na^+）可以通过，结果造成环境介质中阳离子过多。为了保持中性,水就分解出氢离子移进透析袋内,蛋白质部分的 pH 值因此下降,而水部分的 pH 值上升(图 7－2)。反之,如蛋白质带正电荷,则 pH 值的变化相反。董南效应可以导致蛋白质沉淀或变性,因而是不可取的。为了减少董南效应,通常对适当浓度的盐溶液进行透析。

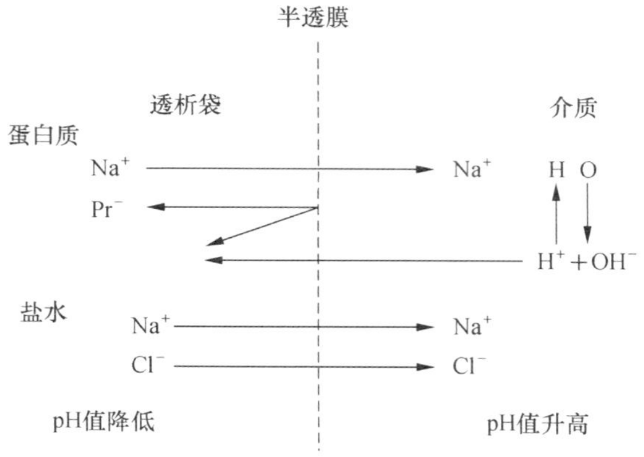

图 7－2　蛋白质的盐溶液对蒸馏水透析时所观察到的董南效应

注:Pr^- 代表蛋白质阴离子

第三篇

基础生物化学实验

第八章　糖

实验一　糖类的性质实验(一):糖类的颜色反应

【目的】

1. 了解糖类某些颜色反应的原理。
2. 学习应用糖的颜色反应鉴别糖类的方法。

【原理】

1. α-萘酚反应(Molisch 反应):糖经浓无机酸(硫酸、盐酸)作用,脱水生成糠醛或糠醛衍生物,后者能与 α-萘酚生成紫红色物质。此反应不是糖类的特异反应,各种糠醛衍生物也有阳性反应。

2. 间苯二酚反应(Seliwanoff 试验):酮糖在浓酸作用下,脱水生成羟甲基糠醛,后者与间苯二酚作用迅速生成鲜红色物质。此反应是酮糖的特异性反应。醛糖在同样条件下呈色反应缓慢,只有在糖浓度较高或煮沸时间较长时,才呈微弱的阳性反应。此反应可区分醛糖与酮糖。

3. 蒽酮反应:糖经浓酸水解,脱水生成的糠醛及其衍生物与蒽酮反应生成蓝绿色复合物。

【操作】

1. α-萘酚反应(Molisch 反应):取 5 支试管,分别加入 1% 葡萄糖溶液、1% 果糖溶液、1% 蔗糖溶液、1% 淀粉溶液、0.1% 糠醛溶液各 1 ml。每管滴加 2 滴莫氏试剂,充分混合后斜执试管,沿管壁慢慢加入浓硫酸约 1 ml,慢慢立起试管,切勿摇动。浓硫酸在试液下形成两层。在两液分界处有紫红色环出现。观察、记录各管颜色。

【注意事项】

(1) 一些非糖物质(如糠醛、糖醛酸等)亦呈阳性反应。此外,样液中如含高浓度有机化合物,因浓硫酸的焦化作用,将出现红色,故试样浓度不宜过高。

(2) 亦可用麝香草酚或其他苯酚化合物代替 α-萘酚。

(3) 莫氏试剂应直接滴入试液中,勿使试剂接触管壁,否则试剂会与硫酸接触生成绿色而掩盖紫色环。

2. 间苯二酚反应(Seliwanoff 试验):取 5 支试管,分别加入 1% 葡萄糖溶液、1% 果糖溶液、1% 蔗糖溶液、1% 淀粉溶液、0.1% 糠醛溶液各 0.5 ml,再向各管分别加入塞氏试剂 5 ml,混匀。将 5 支试管同时放入沸水浴中,注意观察、记录各管颜色变化及变化时间。

【注意事项】

(1) 在此实验条件下蔗糖有可能水解成果糖与葡萄糖而呈阳性反应。葡萄糖与麦芽糖亦呈阳性反应,但呈色反应的速度较酮糖缓慢。

(2) 果糖进行此反应时,有时有沉淀产生,沉淀能溶于乙醇呈红色溶液。

(3) 配制塞氏试剂时,盐酸的浓度不能超过 12%,否则易使糖生成糠醛及其衍生物,影响实验结果。

3. 蒽酮反应:取 5 支试管,分别加入 1% 葡萄糖溶液、1% 果糖溶液、1% 蔗糖溶液、1% 淀粉溶液、0.1% 糠醛溶液,再分别加入蒽酮试剂,混匀,观察、记录颜色变化。

在下表中填入实验现象并作出解释。

试　剂	α-萘酚反应	间苯二酚反应	蒽酮反应
1% 葡萄糖溶液			
1% 果糖溶液			
1% 蔗糖溶液			
1% 淀粉溶液			
0.1% 糠醛溶液			

【试剂】

1. 莫氏(Molisch)试剂:5% α-萘酚的乙醇溶液。称取 α-萘酚 5 g,溶于 95% 乙醇中,并稀释至 100 ml,贮于棕色瓶中。临用前配制。

2. 塞氏(Seliwanoff)试剂:0.05% 间苯二酚-盐酸溶液。称取间苯二酚 0.05 g,溶于 30 ml 浓盐酸中,再用蒸馏水稀释至 100 ml。

3. 蒽酮试剂:称取 200 mg 蒽酮,溶于 100 ml 98% 硫酸溶液(A. R)中,临用前配制。

4. 1% 葡萄糖溶液。

5. 1% 果糖溶液。

6. 1% 蔗糖溶液。

7. 1% 淀粉溶液。
8. 0.1% 糠醛溶液。
9. 浓硫酸。

【器材】

1. 试管及试管架。
2. 滴管。
3. 电热恒温水浴箱(沸水浴)。

【思考题】

1. Molisch 反应阴性说明什么? Molisch 反应阳性又说明什么?
2. 可用何种颜色反应鉴别酮糖的存在?

实验二　糖类的性质实验(二):糖类的还原作用

【目的】

学习几种常用的鉴定糖类还原性的方法及其原理。

【原理】

许多糖类由于其分子中含有自由的或潜在的醛基或酮基,故在碱性溶液中能将铜、铁、银等金属离子还原,同时糖类本身被氧化成酸类化合物。糖类这种性质常被用于检测糖的还原性及还原糖的定量测定。裴林(Fehling)试剂和本尼迪克特(Benedict)试剂均为含有 Cu^{2+} 的碱性溶液,能使还原糖氧化而其本身被还原成红色或黄色的 Cu_2O 沉淀。此法常用作还原糖的定性或定量依据。

生成 Cu_2O 沉淀的颜色之所以不同是由于在不同条件下产生的沉淀颗粒大小不同,颗粒小的呈黄色,大的则呈红色。如有保护性胶体存在时,常生成黄色沉淀。

【操作】

1. 裴林反应:取 5 支试管,加入裴林试剂 A 和 B 各 1.0 ml,摇匀后,5 支试管分别加入 1% 葡萄糖溶液、1% 果糖溶液、1% 蔗糖溶液、1% 麦芽糖、1% 淀粉溶液各 1.0 ml,摇匀后,置沸水浴中加热数分钟,取出冷却。观察记录各管颜色变化。

2. 本尼迪克特反应:取 5 支试管,分别加入本尼迪克特试剂 2.0 ml,再向各管加入 1% 葡萄糖溶液、1% 果糖溶液、1% 蔗糖溶液、1% 麦芽糖溶液、1% 淀粉溶液各 1.0 ml。置沸水浴中加热数分钟,取出冷却。观察记录各管颜色变化。

在下表中填入实验现象并作出解释。

试　剂	裴林反应	本尼迪克特反应
1%葡萄糖溶液		
1%果糖溶液		
1%蔗糖溶液		
1%麦芽糖溶液		
1%淀粉溶液		

【试剂】

1. 裴林试剂

试剂A(硫酸铜溶液):称取硫酸铜($CuSO_4 \cdot 5H_2O$)34.5 g,溶于500 ml蒸馏水中。

试剂B(碱性酒石酸盐溶液):称取氢氧化钠125 g和酒石酸钾钠137 g,溶于500 ml蒸馏水中。

为避免变质,A、B液分开保存。临用前将两者等量混合即可。

2. 本尼迪克特试剂:称取柠檬酸钠($Na_3C_6H_3O_7 \cdot 11H_2O$)85 g及无水碳酸钠50 g,溶于400 ml蒸馏水中。另称取8.5 g硫酸铜,溶于50 ml热蒸馏水中,冷却。将硫酸铜溶液缓缓倾入柠檬酸钠-碳酸钠溶液中,边加边搅,如有沉淀可过滤。本试剂可长期使用。如放置过久,出现沉淀,可取其上清液使用。

3. 1%葡萄糖溶液。

4. 1%果糖溶液。

5. 1%蔗糖溶液。

6. 1%麦芽糖溶液。

7. 1%淀粉溶液。

【器材】

1. 试管及试管架。

2. 滴管。

3. 水浴箱(沸水浴)。

【思考题】

1. 裴林试剂和本尼迪克特试剂在糖类鉴定中各有什么作用?

2. 裴林反应和本尼迪克特反应过程中应注意什么问题？常用的检测糖类还原性的方法还有哪些？

实验三　总糖的测定：蒽酮比色法

【目的】

学习蒽酮比色法测定糖的原理和方法。

【原理】

总糖是指样品中的还原单糖及在本法测定条件下能水解成还原单糖的蔗糖、麦芽糖和可部分水解为葡萄糖的淀粉。

蒽酮比色法是测定样品中总糖量的一个灵敏、快速、简便的方法。其原理是糖类在较高温度下被硫酸作用脱水生成糠醛或糠醛衍生物后，与蒽酮（$C_{14}H_{10}O$）缩合成蓝-绿色化合物。溶液中含糖量在 15 μg/ml 以内，蒽酮反应生成的颜色深浅与糖量成正比。

蒽酮不仅能与单糖也能与双糖、糊精、淀粉等直接起作用，样品不必经过水解。

【操作】

1. 制作标准曲线：取 7 支中试管，编号后按下表操作。

（单位：ml）

试　剂	管			号			
	1	2	3	4	5	6	7
葡萄糖标准液（100 μg/ml）	0	0.10	0.20	0.40	0.60	0.80	1.0
H_2O	1.0	0.90	0.80	0.60	0.40	0.20	0
混匀后置冰浴中预冷							
蒽酮试剂	4.0	4.0	4.0	4.0	4.0	4.0	4.0
各管加入蒽酮试剂后立即混匀，迅速置于冰浴中；待各管都加入蒽酮试剂后，同时置于沸水浴中，准确加热 7 min，立即取出置冰浴中迅速冷却 待各管溶液达室温后，以第 1 管为空白，于 620 nm 处迅速测量各管的光吸收值							
含糖量（mg/ml）	0	0.01	0.02	0.04	0.06	0.08	0.1
A_{620}							

以含糖量为横坐标，A_{620}为纵坐标，绘出含糖量与A_{620}的相关标准曲线。

2. 测定样品的含糖量：取 3 支试管按下表操作。

(单位:ml)

试　　剂	对照管	标准管	测定管
H_2O	1.0	0	0.8
葡萄糖标准液(0.1 mg/ml)	0	1.0	0
无蛋白血滤液或其他样品溶液	0	0	0.2
蒽酮试剂	4.0	4.0	4.0
A_{620}			

其他操作与上述制作标准曲线相同。

【计算】

1. 根据测定管吸光度从标准曲线上查出所检样品溶液中总糖的含量,再折算出样品总糖含量。

2. 无标准曲线查找时,可按下式计算总糖含量:

$$\text{样品含糖量(mg/ml)} = \frac{A_{\text{测}}}{A_{\text{标}}} \times 0.1 \times 50(\text{稀释倍数})$$

【注意事项】

1. 样品溶液必须透明,如有蛋白质,对实验有影响,须设法除去。

2. 必须严格控制反应过程的温度和加热时间。

3. 要在冰浴条件下加入蒽酮,以防止发热而影响颜色反应。

【试剂和材料】

1. 蒽酮试剂:称取 200 mg 蒽酮溶于 100 ml 98% 硫酸溶液中,用时配制。

2. 葡萄糖标准溶液(0.1 mg/ml)。

3. 样品溶液:可自选待测物制成样品溶液。

举例:

(1) 称取 500 g 市售白薯,洗净切碎后用多功能食品加工机磨成浆,4 层纱布压滤,弃滤液留渣,将渣放入烘箱内 80 ~ 85℃ 烘干后,再用植物粉碎机(微型)研磨,过筛,取 100 目筛下物为待测样品。

取样品在烘箱内 105℃ 烘干,恒重后精确称取 1 ~ 5 g,置于锥形瓶中,加入 80 ml 沸蒸馏水,放入沸水浴中。不时摇动,提取 30 min。取出立即过滤,残渣用沸蒸馏水反复洗涤并过滤,合并滤液。冷却至室温,用蒸馏水定容至 100 ml。

(2) 制无蛋白血滤液:吸取全血(已加抗凝剂)0.5 ml,缓缓加入到 20 ml

锥形瓶中。加水 3.5 ml，摇匀，溶血后（血液变为透明时）加 10% 钨酸钠 0.5 ml，摇匀，再加 0.33 mol/L 硫酸 0.5 ml，皆随加随摇，加毕后充分摇匀，放置 10 min，至沉淀由鲜红变暗棕色。用干滤纸过滤。每毫升无蛋白血滤液相当于 0.1 ml 全血。

【器材】

1. 试管及试管架。
2. 吸量管。
3. 锥形瓶。
4. 漏斗及干滤纸。
5. 水浴箱（沸水浴和冰浴）。
6. 721 型分光光度计。
7. 多功能食品加工机和植物粉碎机。
8. 电热烘箱。
9. 100 目筛。

【思考题】

1. 用蒽酮比色法测定样品中糖的含量时，应注意什么？为什么？
2. 测定糖含量的方法还有哪些？原理是什么？

实验四　糖的薄层层析

【目的】

1. 掌握吸附-分配层析的原理。
2. 了解薄层层析的一般操作及定性鉴定方法。

【原理】

薄层层析的原理与一般层析法大致相同，它是将固定相支持物均匀地铺在玻片上成为薄层，然后把要分析的样品点加到薄层的一端，用合适的溶剂展开而达到分离的目的。按照不同的样品和不同的分离要求可选用不同的支持物：硅胶 G、硅藻土、氧化铝 G、纤维素粉、纤维素衍生物等。薄层层析的优点是：设备简单，操作容易，分离迅速，需样量少，灵敏度高，分离时几乎不受温度的影响，可采用腐蚀性显色剂，而且可在高温下显色，分离效率高。

本实验学习一种以硅胶 G 为支持物的糖的薄层层析。在铺有吸附剂的薄层上，样品经过连续、反复的被吸附剂吸附及展开剂解吸附的过程后，不同的糖因其分子量不同，羟基数目及醛基、酮基性质的差异，故而在薄层上以不同速度移动而得以分离。被吸附剂吸附强而且被展开剂解吸附弱的在薄层上移动速度慢,展开距离短;反之则快,展开距离长。于是,混合糖液中的各种糖就分离开来。

在相同条件下层析,对照已知糖的 R_f 值,可对未知糖进行定性。

【操作】

1. 薄板制备:称取硅胶 G 1.5 g 于研钵中,加入 0.02 mol/L 醋酸钠(含羧甲基纤维素)4.5 ml,研调成均匀糊状后,立即倾于载玻板上,使糊状物迅速铺平,布满整块玻璃板。待硅胶 G 薄层在室温下完全固结后,置于 100℃烘箱中 1 h,取出置干燥器中备用。

2. 点样:用毛细管分别吸取 3 种单一糖溶液及其混合液,在距薄板一端 1.5 cm 处,间距 1 cm 分别点样(各种糖只点一次),用电吹风吹干样点。

3. 展开:先在层析缸中放入展开剂,将层析板有样品一端接触展开剂,使其展开,但不可使样点浸没于展开剂中。在板的另一端的背面垫上一小物品,使薄板呈约 30°倾斜(图 8-1)。密闭层析缸。待展开剂前沿距离板的末端约 1 cm 处时,将板取出用电吹风吹干薄层。

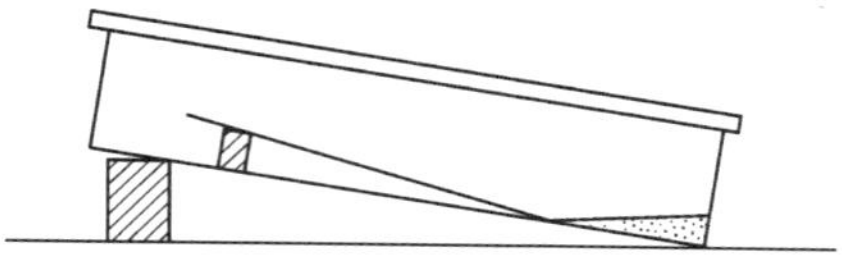

图 8-1 薄层层析装置

4. 显色:向薄层喷雾糖显色剂,再用电热吹风吹(或置 80~100℃烘箱中烘烤约 3~5 min),至色斑出现为止。

5. R_f 值计算:分别测量溶剂前沿至原点中心的距离,以及各色斑中心至原点中心的距离,计算各单一糖及混合糖中各组分斑点的 R_f 值,以鉴定混合糖中糖的组分。

$$R_f\text{值} = \frac{\text{色斑中心至点样点中心的距离}}{\text{溶剂前沿至点样点中心的距离}}$$

【注意事项】

1. 制板时糊状物稀稠适合,铺板迅速,以保证薄板薄而均匀,表面平整。

2. 样品不宜过浓或过稀。

3. 点样直径≤3 mm,样点间距离≥1 cm。

4. 用 0.02 mol/L 醋酸钠(也可用 0.02 mol/L 硼酸)代替水来调制硅胶板,可使 R_f 值较接近的糖得到更好的分离。

【试剂】

1. 单一糖溶液:1%鼠李糖、1%蔗糖、1%棉子糖。

2. 混合糖溶液:称取鼠李糖、蔗糖、棉子糖各 1 g,溶于 50 ml 蒸馏水中。

3. 糖显色剂：称取 1 g 二苯胺，加入 1 ml 苯胺。待溶解后加入 50 ml 丙酮，最后加入 5 ml H_3PO_4，边滴加边搅拌。此液应透明、无混浊。

4. 展开剂：按正丁醇∶乙酸乙酯∶异丙醇∶冰乙酸∶水 = 2∶6∶6∶4∶1(V/V)比例配制。此液临用时配制。

5. 0.02 mol/L 醋酸钠。

【器材】

1. 载玻片。
2. 研钵。
3. 天平。
4. 电热烘箱(100℃)。
5. 电吹风。
6. 毛细管。
7. 层析缸。
8. 喷雾器。

【思考题】

1. 糖类的颜色反应是否可以采用其他的显色剂？
2. 糖的薄层层析应注意哪些关键技术问题？为什么？

第九章　脂

实验五　酮体的生成与鉴定

【目的】

1. 学习酮体的鉴定方法。

2. 了解肝脏与酮体生成的关系。

【原理】

在肝脏中，脂肪酸经 β-氧化作用生成乙酰辅酶 A。两分子乙酰辅酶 A 可缩合生成乙酰乙酸。乙酰乙酸可脱羧生成丙酮，也可还原生成 β-羟丁酸。乙酰乙酸、β-羟丁酸和丙酮总称为酮体。

新鲜肝糜与丁酸保温，可生成酮体。酮体中的乙酰乙酸和丙酮，在弱碱性条件下与亚硝基铁氰化钠作用，可产生紫红色物质。利用这一反应可鉴定酮体。

【操作】

1. 肝匀浆和肌肉匀浆的制备：取小鼠 1 只，处死，迅速取出肝脏和部分肌肉，分别置于研钵中，尽量剪碎并研磨成糜。按重量∶体积比 =1∶3 加入 0.9% 氯化钠溶液，使其成匀浆。

2. 取 2 支试管，按下表操作。

（单位：滴）

试　剂	管号 1	管号 2
罗氏溶液	15	15
0.5 mol/L 丁酸溶液	30	30
0.1 mol/L PBS	15	15
肝匀浆	20	—
肌肉匀浆	—	20
混匀，置 37℃恒温水浴中保温 40 ~ 50 min		
15% 三氯醋酸	20	20
分别摇匀，静置 5 min，过滤，留滤液备用		

3. 另取4支试管，按下表操作。

（单位：滴）

试　剂	管	号		
	1	2	3	4
滤液1	20	—	—	—
滤液2	—	20	—	—
酮体溶液	—	—	20	—
0.5 mol/L 丁酸	—	—	—	20
分别加冰醋酸2滴及10%亚硝基铁氰化钠2滴，沿管壁加入浓氨水2滴，观察紫色环后摇匀，比较各管颜色深浅，并解释颜色之深浅				

【试剂和材料】

1. 小鼠。

2. 0.9%氯化钠溶液。

3. 罗氏溶液：NaCl 0.9 g，KCl 0.042 g，$CaCl_2$ 0.024 g，$NaHCO_3$ 0.02 g，葡萄糖0.1 g，用蒸馏水溶解后加至100 ml。

4. 0.5 mol/L 丁酸溶液：取44.0 g正丁酸溶于0.1 mol/L NaOH溶液中，并用0.1 mol/L NaOH溶液稀释至1 000 ml。

5. 0.1 mol/L（pH 7.6）磷酸盐缓冲液：取0.2 mol/L Na_2HPO_4 87 ml，0.2 mol/L NaH_2PO_4 13 ml，加蒸馏水至200 ml。

6. 15%三氯乙酸溶液。

7. 酮体溶液（丙酮）。

8. 冰醋酸。

9. 10%亚硝基铁氰化钠。

10. 浓氨水。

【器材】

1. 研钵。

2. 手术剪、镊子。

3. 试管及试管架。

4. 滴管。

5. 恒温水浴箱（37℃）。

【思考题】

1. 肌肉与肝脏为实验材料的实验结果有何不同？

2. 饱食的小鼠与饥饿的小鼠为实验材料的实验结果有何不同？

实验六　血清总胆固醇测定(硫磷铁法)

【目的】

1. 了解血清胆固醇的测定方法。

2. 联系胆固醇在体内的重要性认识其临床意义。

【原理】

血清中的胆固醇用无水乙醇提取并将蛋白质沉淀。离心(或过滤)去除沉淀后,在滤液中加入显色剂(硫酸-磷酸-三氯化铁),此显色剂能与胆固醇作用生成比较稳定的紫色复合物。紫色的深浅与胆固醇含量成正比。用已知浓度的胆固醇标准液作标准管,即可测出血清中胆固醇的含量。

【操作】

1. 抽提:准确吸取 0. 1 ml 血清放入洁净干燥试管中,对准血清加入无水乙醇 4. 9 ml,用力振摇 30 s(注意勿使液体溅出),放置 5 min 后再次混合,过滤取滤液备用。

2. 显色:取 3 支干燥中试管,按下表操作。

(单位:ml)

试　剂	管　号		
	空白管	标准管	测定管
上清液(抽提液)	—	—	2
胆固醇标准应用液	—	2	—
无水乙醇	2	—	—
显色剂(沿管壁慢慢加入)	2	2	2
迅速混匀,放置 15 min。用波长 500 nm 比色,以空白管校正吸光度至零点,读取各管吸光度			
A_{500}			

【计算】

$$总胆固醇(mg/ml) = \frac{A_{测}}{A_{标}} \times 0.04 \times 50(稀释倍数)$$

【注意事项】

1. 试管、刻度吸管及比色皿必须干燥,反应中要防止水分混入。比色过程中,比色皿不要用水冲洗。

2. 颜色反应与加入显色剂后混合时的产热程度有关,故操作中应注意以下几点：

（1）显色时两支试管（标准管和测定管）的口径及厚度尽可能一致。

（2）加显色剂时应缓缓加入，使两种液体间形成一个界面，然后突然混匀，不能边加边摇。

（3）若室温太低时（15℃以下），可先将提取液及标准液置37℃水浴箱中保温后再显色。

3. 乙醇为易燃品，硫酸为强酸，使用时需小心。

【临床意义】

血清胆固醇有游离和酯化两种形式存在，其中酯化型占总量的2/3。血清总胆固醇的正常值为3.10～5.70 mmol/L，超过5.7 mmol/L可考虑为高胆固醇血症。

高胆固醇血症：见于肾病综合征、甲状腺功能减退、糖尿病、胆道阻塞、妊娠后期、原发性高胆固醇血症等，也见于一部分动脉粥样硬化及高血压患者。

低胆固醇血症：见于严重贫血、甲状腺功能亢进、营养不良。

【试剂】

1. 胆固醇标准贮存液（1 mg/ml）：精确称取干燥至恒重的胆固醇100 mg，溶于适量的分析纯无水乙醇中。因胆固醇不易溶解，故可用温热水浴加热助溶。再将溶液转移至100 ml容量瓶中，并用无水乙醇稀释至刻度，贮存于棕色瓶中，置4℃冰箱保存。使用时需先恢复至室温再行取用。

2. 胆固醇标准应用液（0.04 mg/ml）：取上述贮存液4.0 ml，置100 ml容量瓶中加分析纯无水乙醇至刻度，贮存于玻璃瓶中放冰箱保存。使用时需先恢复至室温。

3. 铁贮存液：称取三氯化铁（$FeCl_3 \cdot 6H_2O$）2.5 g（因三氯化铁极易吸水，称取时应迅速）溶于适量的87%磷酸内，并加磷酸至100 ml。此液在室温可长期保存。

4. 显色剂：取铁贮存液8.0 ml，加分析纯浓硫酸至100 ml。在室温下可保存6～8周，出现沉淀时不能使用。

5. 无水乙醇。

【器材】

1. 吸量管。

2. 试管及试管架。

3. 漏斗及滤纸。

4. 721 型分光光度计。

【思考题】

1. 本法测定过程中,需防止水分混入,为什么?

2. 除本法外,测定血清总胆固醇还有哪些方法?原理如何?

实验七　血清脂蛋白琼脂糖凝胶电泳

【目的】

掌握血清脂蛋白电泳的基本原理及操作方法。

【原理】

将血清脂蛋白用脂类染料(如苏丹黑或油红等)进行预染,再将预染过的血清置于琼脂糖凝胶板上进行电泳分离。通电后,可看到脂蛋白向正极移动,由于各种脂蛋白的组成、分子大小和所带电荷数多少不同,因此电场中泳动的速度(迁移率)不同,而分离为几个区带。

染料结合的多少与脂蛋白含量成正比,故可用分光光度法测定各种脂蛋白的相对含量。

【操作】

1. 预染血清:取血清 0.2 ml,加入苏丹黑染色液 0.02 ml,混合置 37℃ 水浴中染色 30 min,离心(2 000 r/min)约 5 min。

2. 制备琼脂糖凝胶板:将已配制好的 0.45% 琼脂糖凝胶于沸水浴或微波炉中加热融化,趁热吸取加于水平放置的载玻片上(每片约 3 ml)。立即在距凝胶板一端 2 cm 中央处,将压槽器垂直插入凝胶,静置约 30 min(天热时可置冰箱,使其加速凝固)。小心取出压槽器,切勿摇动凝胶板,以小片滤纸吸干槽中水分。

3. 点样:用可调式微量加样器吸取经过预染的血清 20 ~ 30 μl 加入凝胶板上的小槽内。

4. 电泳:将加过血清的凝胶板平行放入电泳槽中,样品置于阴极端,用事先经巴比妥缓冲液浸湿的两层纱布轻轻贴在凝胶板两端的上面,纱布的另一边浸在电泳槽内巴比妥缓冲液中,然后接通电源,电压为 120 ~ 130 V,电泳 15 ~ 20 min 后,即可见到分离的区带。

5. 观察和比色:取出凝胶板观察各区带。用刀片将电泳后的琼脂糖凝胶板上各区带切下,另切大小相同的空白凝胶,分别放入试管中,各加蒸馏水 3.0 ml,于沸水浴中溶解,取出摇匀,冷却。采用 600 nm 波长,以空白管调零.

测定各区带吸光度。

以各区带吸光度值除以总吸光度值(各带吸光度之和),然后乘以100%,分别计算各种脂蛋白的相对百分含量。

6. 如果需要保留电泳图谱,可将电泳后的凝胶板(连同载玻片)放入清水中浸泡脱盐2 h(不时摇动浸泡容器,则凝胶板很易与玻璃板分开),用玻璃纸小心将凝胶平托起来置于一块稍大于凝胶板的玻璃板上,然后放置烘箱(70℃左右)中烘干,则凝胶紧贴于玻璃纸上,可长期保存。

【结果及临床意义】

1. 正常人血清脂蛋白可出现3条区带,从阴极到阳极依次为β-脂蛋白、前β-脂蛋白、α-脂蛋白。在原点处应无乳糜微粒(注:前β-脂蛋白含量少时,在一般电泳图谱上看不出)。

2. 血清中一种或几种脂蛋白浓度的增高,称为高脂蛋白血症。它与动脉粥样硬化、冠心病、高血压等一些疾病的发病有关。

【试剂】

1. 乙酰苏丹黑染色液:

(1) 乙酰苏丹黑的制备:称取2 g苏丹黑B,加60 ml吡啶和40 ml醋酸酐,混合后放置过夜。然后再加蒸馏水3 000 ml,则有乙酰苏丹黑析出,抽滤后加适量丙酮溶解之,然后将丙酮蒸发,剩下粉状物即为乙酰苏丹黑。

(2) 乙酰苏丹黑染色液的配制:将乙酰苏丹黑溶于无水乙醇至饱和。

2. 巴比妥缓冲液(pH8.6,离子强度0.075):为电极缓冲液。称取巴比妥钠15.4 g、巴比妥2.76 g及EDTA 0.29 g,蒸馏水溶解后稀释至1 000 ml。

3. 三羟甲基氨基甲烷缓冲液(pH8.6):为凝胶缓冲液。称取三羟甲基氨基甲烷1.212 g、EDTA 0.29 g及NaCl 4 g,用蒸馏水溶解后,稀释至1 000 ml。

4. 琼脂糖凝胶(45%):称取琼脂糖0.45 g溶于50 ml凝胶缓冲液中,再加蒸馏水50 ml。在沸水浴或微波炉中加热,待琼脂糖完全溶解,立即停止加热。

【器材】

1. 电恒温热水浴箱。
2. 低速离心机。
3. 微波炉。
4. 载玻片、压槽器或小铁棒。
5. 吸量管、可调式微量加样器。
6. 水平电泳槽及普通电泳仪。

7. 试管及试管架、刀片。

8. 721 型分光光度计。

【思考题】

1. 本实验操作过程中应注意哪些问题?

2. 如何利用生物化学分离技术,辅助诊断高脂血症患者的血脂改变?

实验八 血浆高密度脂蛋白-胆固醇含量的测定(肝素-Mn 法)

【目的】

1. 了解血浆高密度脂蛋白-胆固醇含量的测定原理及方法。

2. 了解高密度脂蛋白-胆固醇含量测定的临床意义。

【原理】

高密度脂蛋白(HDL)由蛋白质、磷脂、胆固醇、三酰甘油(甘油三酯)按一定比例组成,为血浆脂蛋白的一种。流行病学研究表明,血浆 HDL 水平与冠心病的发病率呈负相关,高水平 HDL 有利于预防冠心病的发生。

一定浓度的肝素-Mn 混合液在一定条件下可选择性地沉淀血浆中 VLDL 及 LDL,而 HDL 仍留在上清液中,从而使 HDL 与 LDL 及 VLDL 分开。

HDL 中含有一定的胆固醇。利用胆固醇的类脂性质,可用有机溶剂进行抽提,然后取一定量抽提液蒸干,加入冰醋酸。利用 Zak 反应,使溶解于冰醋酸中的胆固醇在硫酸存在的条件下与高铁离子作用,产生稳定的紫红色物质。此物质在 560 nm 波长有最大吸收,可用分光光度法作定量分析。

【步骤】

1. HDL 的分离:取干燥离心管 1 支,吸 0.5 ml 血浆,加肝素-Mn 混合液 0.05 ml,混匀后室温静置 10 min, 3 000 r/min 离心 10 min, HDL 存在于上清液中。

2. HDL-胆固醇的提取(有机溶剂抽提法):取肝素-Mn 沉淀后的上清液 0.1 ml,加酮醇混合液 2.5 ml(快速加入,使沉淀均匀),3 000 r/min 离心5 min,沉淀部分为蛋白质。取上清液 2 ml 于沸水中蒸干,此为样品管。

3. 胆固醇测定:取 3 支中试管(其中 1 支为操作 2 所得样品管),按下表操作。

（单位：ml）

试　剂	管　号		
	空白管	样品管	标准管
三氯化铁冰醋酸液	1.5	1.5	0.5
标准胆固醇液（80 μg/ml）	—	—	1.0
浓硫酸	1.0	1.0	1.0
各管摇匀，60℃水浴 10 min；测定 560 nm 处吸光度			
A_{560}			

注：加 H_2SO_4 时需将试管斜置，沿管壁放入。

【计算】

$$血清\ HDL-胆固醇含量(mg/ml) = \frac{A_{样}}{A_{标}} \times C_{标} \times K$$

$$K = \frac{0.5+0.05}{0.5} \times \frac{0.1+2.5}{2} = 1.1 \times 1.3 = 1.43$$

【临床意义】

正常人血浆总胆固醇为 1.25 ~ 2.0 mg/ml，HDL 中所含的胆固醇占总胆固醇的 1/3 ~ 1/4。人们常用 HDL 中胆固醇的含量表示 HDL 的量。

HDL-胆固醇水平愈高，愈有利于将组织中的胆固醇运输出来，对人们健康长寿十分有益，长期坚持体育锻炼者，其血浆 HDL-胆固醇较一般人为高，冠心病者比一般正常人低。临床在测定血脂时也测定 HDL-胆固醇的含量，对于诊断冠心病以及观察治疗效果是有帮助的。

【试剂】

1. 标准胆固醇液

（1）贮存液（1 000 μg/ml）：准确称取胆固醇 100 mg，溶于 100 ml 三氯化铁冰醋酸溶液中。

（2）应用液（80 μg/ml）：取贮存液 4 ml 加三氯化铁冰醋酸至 50 ml。

2. 三氯化铁冰醋酸溶液

（1）贮存液（125 mg/ml）：称取三氯化铁 1.25 g，溶于 100 ml 冰醋酸中。

（2）应用液（1 mg/ml）：取贮存液 2 ml 加冰醋酸至 250 ml。

3. 浓硫酸（AR）。

4. 丙酮-乙醇混合液（按 1∶1 比例配制，V/V）。

5. 肝素-Mn 混合液

(1) 1.06 mol/L 氯化锰液($MnCl_2 \cdot 4H_2O$,分子量 198):称取氯化锰($MnCl_2 \cdot 4H_2O$,分子量 198)209.9 g 溶于 1 000 ml 蒸馏水中。

(2) 肝素液(280 mg/ml):称取肝素 280 mg,溶于 1.0 ml 蒸馏水中。

(3) 肝素-Mn 混合液:取(1)液 10 ml + (2)液 0.6 ml 混匀即成。临用前配制,放冰箱保存,最多用 1 个月。

【器材】

1. 试管及试管架。
2. 吸量管。
3. 离心机。
4. 电热恒温水浴箱(60℃, 100℃)。
5. 721 型分光光度计。

【思考题】

1. 为什么用肝素-Mn 法可测定血浆中的高密度脂蛋白-胆固醇的含量?
2. 肝素-Mn 法测定血浆中的高密度脂蛋白-胆固醇的关键步骤是什么?
3. 测定血浆中的高密度脂蛋白-胆固醇的含量有何意义?

第十章　蛋　白　质

实验九　蛋白质的性质实验(一):蛋白质等电点的测定

【目的】

1. 了解蛋白质的两性解离性质。
2. 学习一种测定蛋白质等电点的方法。

【原理】

蛋白质是两性电解质。蛋白质分子的解离状态和解离程度受蛋白质溶液的酸碱度影响。当溶液的 pH 值达到一定数值时,蛋白质颗粒上正负电荷的数目相等,在电场中既不向阴极移动,也不向阳极移动,此时溶液的 pH 值称为该蛋白质的等电点。不同蛋白质各有其特异的等电点。在等电点时,蛋白质的理化性质都有变化,可利用此种性质的变化测定各种蛋白质的等电点。最常用的方法是测其溶解度最低时的溶液 pH 值。

本实验借观察酪蛋白在不同 pH 值溶液中的溶解度,以测定其等电点。用醋酸与醋酸钠(醋酸钠混合在酪蛋白溶液中)配制成各种不同 pH 值的缓冲液。向各缓冲溶液中加入酪蛋白后,沉淀出现最多的缓冲液的 pH 值即为酪蛋白的等电点。

【操作】

取中试管 4 支,按下表操作并解释现象。

(单位:ml)

试　剂	管	号		
	1	2	3	4
蒸馏水	8.4	8.7	8.0	7.4
0.01 mol/L 醋酸	0.6	—	—	—
0.10 mol/L 醋酸	—	0.3	1.0	—
1.00 mol/L 醋酸	—	—	—	1.6

续 表

试 剂	管 号			
	1	2	3	4
0.4%酪蛋白醋酸钠	1.0	1.0	1.0	1.0
加一管,摇匀一管				
pH 值	5.9	5.3	4.7	3.5
观察比较其混浊度。静置 10 min 后,再观察比较其混浊度				
实验现象				

【结果处理】

酪蛋白的等电点:缓冲液中加入酪蛋白后,最混浊(即沉淀出现最多)那管的 pH 值即为酪蛋白的等电点。

【试剂】

1. 0.4%酪蛋白醋酸钠溶液:取 0.4 g 酪蛋白,加少量水在研钵中仔细地研磨,将所得的蛋白质悬胶液移入 200 ml 锥形瓶内,用少量 40~50℃的温水洗涤研钵,将洗涤液也移入锥形瓶内,加入 10 ml 1 mol/L 醋酸钠溶液。把锥形瓶放到 50℃水浴中,并小心地旋转锥形瓶,直到酪蛋白完全溶解为止。将锥形瓶内的溶液全部移至 100 ml 容量瓶内,加水至刻度,混匀。

2. 1.00 mol/L 醋酸溶液:取冰醋酸(约为 17.4 mol/L)57.5 ml,加蒸馏水至 1 000 ml,混匀。以酚酞为指示剂,用标准碱调至 1.00 mol/L。

3. 0.10 mol/L 醋酸溶液:用 1 mol/L 醋酸溶液稀释。

4. 0.01 mol/L 醋酸溶液:用 1 mol/L 醋酸溶液稀释。

【器材】

1. 试管及试管架。
2. 吸量管。

【思考题】

1. 何谓蛋白质的等电点?有何实用意义?
2. 利用蛋白质沉淀反应测定蛋白质等电点的原理是什么?

实验十 蛋白质的性质实验(二):蛋白质的沉淀及变性

【目的】

1. 加深对蛋白质胶体稳定因素的认识。

2. 了解沉淀蛋白质的几种方法及其实用意义。

3. 了解蛋白质变性与沉淀的关系。

【原理】

在水溶液中的蛋白质分子由于表面生成水化层和同性电荷层而成为稳定的亲水胶体颗粒,在一定的理化因素影响下,蛋白质颗粒可因失去电荷和脱水而沉淀。蛋白质的沉淀反应可分为以下两类。

1. 可逆沉淀反应:此时蛋白质分子的结构尚未发生显著变化,除去引起沉淀的因素后,蛋白质的沉淀仍然能溶解于原来的溶剂中,并保持其天然性质而不变性。如大多数蛋白质的盐析作用或在低温下用乙醇(或丙酮)短时间作用于蛋白质。提纯蛋白质时,常利用此类反应。

无机盐(硫酸铵、硫酸钠、氯化钠等)的浓溶液能析出蛋白质。盐的浓度不同,析出的蛋白质也不同。如球蛋白可在半饱和硫酸铵溶液中析出,而清蛋白则在饱和硫酸铵溶液中才能析出。由盐析获得的蛋白质沉淀,当降低其盐类浓度时,又能再溶解,故蛋白质的盐析作用是可逆过程。

2. 不可逆沉淀反应:此时蛋白质分子内部结构发生重大改变,蛋白质常变性而沉淀,不再溶于原来的溶剂中。加热引起的蛋白质沉淀与凝固,蛋白质与重金属离子或某些有机酸的反应都属于此类。

蛋白质变性后,有时由于维持溶液稳定的条件仍然存在(如电荷),并不析出。因此变性蛋白质并不一定都表现为沉淀,而沉淀的蛋白质也未必都已变性。

【操作】

1. 蛋白质的盐析:取锥形瓶 1 个,加入 5% 卵清蛋白溶液 5.0 ml,再加等量的饱和硫酸铵溶液,混匀后静置数分钟则析出球蛋白的沉淀。转移至离心管,2 000 r/min 离心 5 min。小心将上清液转移至小烧杯;向沉淀中加少量水,观察是否溶解,为什么?

向上述小烧杯中添加硫酸铵粉末,边加边摇,直至不再溶解为止,此时析出的沉淀为清蛋白。转移至离心管,2 000 r/min 离心 5 min。弃上清液,向清蛋白沉淀中加少量蒸馏水,观察沉淀的再溶解。

2. 重金属离子沉淀蛋白质:取 1 支试管,加入蛋白质溶液 1 ml,再加入 3% 硝酸银溶液 2 滴。振荡试管,有沉淀产生。放置片刻,取出少量沉淀,向沉淀中加入少量的水,观察沉淀是否溶解? 为什么?

3. 某些有机物沉淀蛋白质:取 1 支试管,加入蛋白质溶液 1 ml,再加入 5% 三氯乙酸溶液 3 ~ 5 滴,振荡试管,观察沉淀的生成。放置片刻,取出少量沉淀,向沉淀中加入少量的水,观察沉淀是否溶解。

4. 有机溶剂沉淀蛋白质:取 1 支试管,加入蛋白质溶液 1 ml,再加入 1 ml 的 95% 乙醇,混匀,观察沉淀的生成。

5. 乙醇引起的变性与沉淀:取 3 支试管,依下表顺序加入试剂。

(单位:ml)

试剂	管号		
	1	2	3
5% 卵清蛋白溶液	1.0	1.0	1.0
0.1 mol/L 氢氧化钠溶液	—	1.0	—
0.1 mol/L 盐酸溶液	—	—	1.0
pH4.7 缓冲溶液	1.0	—	—
95% 乙醇	1.0	1.0	1.0

振荡混匀后,观察有何变化。放置片刻,向第 1 管内加水 8 ml。然后,在第 2、3 号管中各加 1 滴甲基红,再分别用 0.1 mol/L 醋酸溶液及 0.05 mol/L 碳酸钠溶液中和之。观察各管颜色的变化和沉淀的生成。每管各取少量再加 0.1 mol/L 盐酸溶液数 10 滴,观察沉淀的再溶解。解释各管发生的全部现象。

【试剂】

1. 蛋白质溶液:5% 卵清蛋白溶液或鸡蛋清的水溶液(新鲜鸡蛋清:水 = 1:9)。

2. pH4.7 醋酸-醋酸钠的缓冲溶液

(1) 0.2 mol/L 醋酸:取冰醋酸(约 17 mol/L)2.3 ml 加蒸馏水至 100 ml。

(2) 0.2 mol/L 醋酸钠:称取醋酸钠($NaAc \cdot 3H_2O$) 2.722 g 溶于 100 ml 蒸馏水中。

用时取(1)液 29.5 ml 加(2)液 20.5 ml,混匀后再加蒸馏水至 100 ml。

3. 3% 硝酸银溶液。

4. 5% 三氯乙酸溶液。

5. 95% 乙醇。

6. 饱和硫酸铵溶液。

7. 硫酸铵结晶粉末。

8. 0.1 mol/L 盐酸溶液。

9. 0.1 mol/L 氢氧化钠溶液。

10. 0.05 mol/L 碳酸钠溶液。

11. 0.1 mol/L 醋酸溶液。

12. 甲基红溶液：甲基红 50 mg，溶于 125 ml 60% 乙醇溶液中。

【器材】

1. 锥形瓶和烧杯。

2. 低速离心机和配套离心管。

3. 试管和试管架。

4. 吸量管及滴管。

【思考题】

1. 总结蛋白质的沉淀反应。

2. 提纯蛋白质时常采用哪种方法进行沉淀，为什么？

实验十一　蛋白质的透析

【目的】

学习透析的基本原理、操作及应用。

【原理】

蛋白质是大分子物质，它不能透过半透膜，而小分子物质可以自由透过半透膜。

在分离提纯蛋白质的过程中，常利用透析的方法使蛋白质与其中夹杂的小分子物质分开。比如盐析法沉淀蛋白质后常用透析法除去中性盐。

【操作】

1. 将实验十操作 1 所得的两种沉淀分别加蒸馏水至溶解，分别取 2 滴加至预先滴有 2 滴双缩脲试剂的白瓷板孔中，仔细观察是否有紫蓝色出现（有，说明有蛋白质）。

2. 取两个透析袋，分别装入上述两种蛋白质溶液，分别放入两个盛有蒸馏水的烧杯中，烧杯放到磁力搅拌器上搅拌。

3. 约 1 h 后，自烧杯中取水 2～3 滴至小试管中，滴加 $BaCl_2$，检查是否有 SO_4^{2-} 存在（有白色沉淀出现说明有 SO_4^{2-}）。

4. 自烧杯中取水 2 滴，做双缩脲反应，检查是否有蛋白质存在。

5. 不断更换烧杯中的蒸馏水（并用磁力搅拌器不断搅动蒸馏水）以加速透析过程。数小时后从烧杯中的水中不再能检出 SO_4^{2-} 离子。此时停止透析，并检查透析袋中内容物是否有蛋白质或 SO_4^{2-} 离子存在（此时透析袋 1 中应观察到蛋白质沉淀的出现，因为蛋白质不溶于纯水）。

【试剂】

1. 蛋白质溶液:5%卵清蛋白溶液或鸡蛋清的水溶液(新鲜鸡蛋清: 水 = 1∶9)。

2. 饱和硫酸铵溶液。

3. 硫酸铵结晶粉末。

3. 双缩脲试剂:精确称取硫酸铜($CuSO_4 \cdot 5H_2O$)3.0 g、酒石酸钾钠($NaKC_4H_4O_6 \cdot 4H_2O$)9.0 g及碘化钾(KI)5.0 g,各自分别溶于25 ml蒸馏水中。将酒石酸钾钠溶液和碘化钾溶液倒入1 000 ml容量瓶中,加6.0 mol/L氢氧化钠溶液100 ml,混匀。再加硫酸铜溶液,边加边摇,最后加水定容至1 000 ml,贮存于塑料瓶内(或内壁涂石蜡的瓶中)。此试剂可长期保存。若贮存瓶中有黑色沉淀出现,则需重新配制。

5. 2% $BaCl_2$ 溶液。

【器材】

1. 透析袋、烧杯、磁力搅拌器。

2. 试管及试管架。

3. 白瓷板及滴管。

【思考题】

1. 是否可用透析法浓缩蛋白质溶液?

2. 为什么利用透析袋可以对中性盐沉淀的蛋白质进行脱盐处理?

实验十二　蛋白质定量分析(一):紫外分光光度法

【目的】

1. 熟悉紫外分光光度法测定蛋白质含量的原理。

2. 掌握752型紫外分光光度计的使用方法。

【原理】

由于蛋白质中存在着含有共轭双键的酪氨酸和色氨酸,因此蛋白质具有吸收紫外光的性质,吸收高峰在280 nm波长处。在此波长范围内,蛋白质溶液的吸光度(A_{280})与其浓度呈正比关系,可作定量测定。

该法迅速、简便,不消耗样品,低浓度盐类不干扰测定。因此已在蛋白质和酶的生化制备中广泛采用。本法的缺点是:①对于那些与标准蛋白质中酪氨酸、色氨酸含量差异较大的蛋白质,有一定的误差。②若样品中含有嘌呤、嘧啶等吸收紫外线的物质,会出现较大干扰。例如,在制备酶的过程中,层析柱的流出液内有时混杂有核酸,应予以校正。

【操作】

1. 制作标准曲线:按下表分别向每支试管内加入试剂,混匀。选用石英比色杯,在280 nm波长处分别测定各管溶液的吸光度值(A_{280})。

(单位:ml)

试　剂	管			号				
	0	1	2	3	4	5	6	7
标准蛋白质溶液(1.0 mg/ml)	—	0.5	1.0	1.5	2.0	2.5	3.0	4.0
蒸馏水	4.0	3.5	3.0	2.5	2.0	1.5	1.0	—
蛋白质浓度(mg/ml)	0	0.125	0.250	0.375	0.500	0.625	0.750	1.000
A_{280}								

2. 测定样品:取待测蛋白质溶液1.0 ml,加入蒸馏水3.0 ml,混匀,测定280 nm处的吸光度值。

【计算】

1. 标准曲线的绘制和应用:以吸光度为纵坐标,蛋白质浓度为横坐标,绘出标准曲线。对照标准曲线求得待测样品的蛋白浓度,并求出待测血清中的蛋白质浓度。

2. 标准管计算法:根据公式计算出待测血清中的蛋白质浓度,即

$$\text{血清蛋白含量(mg/ml)} = \frac{A_{测}}{A_{标}} \times C_{标} \times 100 \times 4\text{(稀释倍数)}$$

【试剂】

1. 标准蛋白质溶液:准确称取经凯氏定氮法校正的结晶牛血清清蛋白,配制成浓度为1 mg/ml的溶液。

2. 待测蛋白质溶液:取血清1.0 ml,移入100 ml容量瓶中,加生理盐水至刻度。

【器材】

1. 试管及试管架。

2. 吸量管。

3. 752型紫外光栅分光光度计。

【思考题】

试简述紫外分光光度法测定蛋白质含量的原理及优点。

实验十三　蛋白质定量分析(二):酚试剂法

【目的】

1. 掌握酚试剂法测定蛋白质含量的原理及操作方法。
2. 了解酚试剂法测定蛋白质含量的优缺点。
3. 掌握 721 型分光光度计的使用方法。

【原理】

血清蛋白质含有带酚基的酪氨酸,可与酚试剂中的磷钼钨酸作用产生蓝色化合物,颜色深浅与蛋白质含量成正比。

【操作】

标准曲线的制备及血清蛋白测定:取中试管 7 支,按下表操作。

(单位:ml)

试　剂	管					号	
	0	1	2	3	4	5	待测
酪蛋白标准液	—	0.1	0.2	0.3	0.4	0.5	—
蒸馏水	1.0	0.9	0.8	0.7	0.6	0.5	—
样品液(稀释 500 倍)	—	—	—	—	—	—	1.0
碱性铜溶液	5.0	5.0	5.0	5.0	5.0	5.0	5.0
混匀各管,于室温放置 20 min							
酚试剂	0.5	0.5	0.5	0.5	0.5	0.5	0.5
混匀;30 min 后,以 0 号管为空白,波长 650 nm 处测定吸光度							
蛋白浓度(mg/ml)	0	0.1	0.2	0.3	0.4	0.5	
A_{650}							

注:各管加入酚试剂后,迅速摇匀,不应出现混浊。

【计算】

1. 绘制标准曲线:以蛋白浓度(mg/ml)为横坐标,吸光度为纵坐标,绘制标准曲线。利用标准曲线,求血清蛋白含量。

2. 按下式计算血清蛋白含量:

$$\text{血清蛋白含量(mg/ml)} = \frac{A_{测}}{A_{标}} \times C_{标} \times 500\text{(稀释倍数)}$$

【试剂】

1. 碱性铜溶液

（1）甲液：称取碳酸钠（Na_2CO_3）2 g，溶于 100 ml 0.1 mol/L NaOH 溶液中。

（2）乙液：称取硫酸铜（$CuSO_4 \cdot 5H_2O$）0.5 g，溶于 100 ml 1%酒石酸钾溶液中。

使用时取甲液 50 ml 及乙液 1.0 ml 混合。此液临用前配制，只供当天使用。

2. 酚试剂：称取钨酸钠（$Na_2WO_4 \cdot 2H_2O$）100 g、钼酸钠（$Na_2MoO_3 \cdot 2H_2O$）25 g 溶于 700 ml 蒸馏水中，再加 85% H_3PO_4 50 ml 和 HCl 100 ml，充分混合后，置于 1 500 ml 圆底磨口烧瓶中温和回流 10 h。再加硫酸锂 150 g、水 50 ml 及溴水数滴，开口继续沸腾 15 min，以去除多余的溴。冷却后稀释至 1 000 ml。此溶液应呈金黄色或黄色，置棕色瓶保存。使用时用 1.0 mol/L NaOH 滴定（以酚酞为指示剂。酚酞指示剂要多加些，才容易观察滴定终点），按滴定结果稀释，使终浓度为 1 mol/L。

3. 酪蛋白标准液（1.0 mg/ml）：称取酪蛋白 1.0 g，用 0.01 mol/L NaOH 溶液溶解，加蒸馏水至 1 000 ml。

4. 样品液：取 0.1 ml 血清置于 50 ml 容量瓶中，加蒸馏水至刻度。

【器材】

1. 试管及试管架。
2. 吸量管。
3. 721 型分光光度计。

【思考题】

1. 酚试剂法测定蛋白质浓度应注意什么？
2. 酚试剂法测定蛋白质浓度有哪些优缺点？

实验十四　蛋白质定量分析（三）：双缩脲法

【目的】

1. 了解双缩脲法测定蛋白质浓度的基本原理。
2. 熟悉双缩脲法测定蛋白质浓度的实验操作。

【原理】

凡具有两个或两个以上肽键的化合物，都可在碱性溶液中与 Cu^{2+} 形成紫红色复合物,即双缩脲反应。此络合物颜色的深浅与该化合物的浓度成正比。蛋白质分子具有多个肽键,因此具有双缩脲反应,故可通过分光光度法来测定蛋白质的浓度。

【操作】

标准曲线的制备及血清蛋白测定:取 6 支试管编号,按下表加入试剂。

(单位:ml)

试　剂	管			号			
	0	1	2	3	4	5	6
酪蛋白标准液	—	0.2	0.4	0.6	0.8	1.0	—
血清稀释液(稀释 10 倍)	—	—	—	—	—	—	1.0
蒸馏水	1.0	0.8	0.6	0.4	0.2	—	—
双缩脲试剂	4.0	4.0	4.0	4.0	4.0	4.0	4.0
混匀,37℃或室温下放置 20 min;波长 540 nm 处,以“0”管调零,测定各管吸光度							
蛋白质浓度(mg/ml)	0	2.0	4.0	6.0	8.0	10.0	
A_{540}							

【注意事项】

1. 须于显色后 30 min 内比色,30 min 后可有雾状沉淀产生。同时注意各管从显色到比色的时间应尽可能一致。

2. 避免硫酸铜过量,否则生成氢氧化铜,其蓝色将掩盖紫红色,影响测定结果。

3. 待测样品若含有大量脂肪物质,会产生混浊的反应混合物,亦影响测定结果。这时可用乙醇或石油醚使溶液澄清后离心,取上清液再测定。

4. 双缩脲反应并非蛋白质特有的颜色反应,凡有肽键的物质均干扰此反应。

【结果处理】

1. 绘制蛋白质浓度-吸光度标准曲线。

2. 根据测定管吸光度,从标准曲线上查出蛋白质的浓度,再乘以血清稀释倍数 10,即为血清中的蛋白质浓度。

【试剂】

1. 血清:人或兔血清用生理盐水稀释 10 倍,使其蛋白质浓度在标准曲线测试范围内。

2. 10 mg/ml 酪蛋白标准液：酪蛋白要预先用微量凯氏定氮法测定蛋白质的含量，再根据其纯度称量，用0.05 mol/L 氢氧化钠溶液配制。

3. 双缩脲试剂：精确称取硫酸铜（$CuSO_4 \cdot 5H_2O$）3.0 g、酒石酸钾钠（$NaKC_4H_4O_6 \cdot 4H_2O$）9.0 g 及碘化钾（KI）5.0 g，各自分别溶于 25 ml 蒸馏水中。将酒石酸钾钠溶液和碘化钾溶液倒入 1 000 ml 容量瓶中，加 6.0 mol/L 氢氧化钠溶液 100 ml，混匀。再加硫酸铜溶液，边加边摇，最后加水定容至 1 000 ml，贮存于塑料瓶内（或内壁涂石蜡的瓶中）。此试剂可长期保存。若贮存瓶中有黑色沉淀出现，则需重新配制。

【器材】

1. 电热恒温水浴箱（37℃）。
2. 721 型分光光度计。
3. 试管及试管架。
4. 刻度吸量管。

【思考题】

1. 干扰本实验的因素有哪些？
2. 双缩脲法有何特点？

实验十五 蛋白质定量分析（四）：考马斯亮蓝 G-250 染色法

【目的】

1. 了解考马斯亮蓝 G-250 染色法测定蛋白质浓度的原理。
2. 熟悉考马斯亮蓝 G-250 染色法测定蛋白质浓度的操作。

【原理】

此方法是1976 年由 Bradform 建立的。考马斯亮蓝 G-250 在酸性溶液中为棕红色，当它与蛋白质产生疏水作用后，变成蓝色，最大吸收波长从 465 nm 转移到 595 nm 处。在一定的范围内，蛋白质含量与 595 nm 处的吸光度成正比。

【操作】

1. 标准曲线的制备：取 6 支试管，按下表操作。

(单位:ml)

试剂	管号					
	0	1	2	3	4	5
蛋白标准液(0.1 mg/ml)	0	0.2	0.4	0.6	0.8	1.0
蒸馏水	1.0	0.8	0.6	0.4	0.2	0
染色液	3.0	3.0	3.0	3.0	3.0	3.0
混匀后室温放置 15 min, 595 nm 波长处测定吸光度值						
相当蛋白浓度(mg/ml)	0	20	40	60	80	100
A_{595}						

2. 血清蛋白质测定

(1) 稀释血清(或其他蛋白样品溶液):准确吸取 0.1 ml 血清,置于 100 ml容量瓶中,用生理盐水稀释至刻度(此为稀释 1 000 倍,其他蛋白样品酌情而定)。

(2) 再取 3 支试管,按下表操作。

(单位:ml)

试剂	管号		
	空白管	标准管	测定管
蛋白标准液(0.1 mg/ml)	—	0.5	—
稀释血清(稀释 1 000 倍)	—	—	0.5
蒸馏水	1.0	0.5	0.5
染色液	3.0	3.0	3.0
混匀后室温放置 15 min,在 595 nm 波长处测吸光度值			
A_{595}			

【注意事项】

1. 高浓度的 Tris、EDTA、尿素、甘油、蔗糖、丙酮等对测定有干扰。

2. 显色结果受时间与温度影响较大,须注意保证样品与标准品的测定控制在同一条件下进行。

3. 考马斯亮蓝 G-250 染色能力很强,特别要注意比色杯的清洗。

【结果处理】

1. 以各管的相当蛋白浓度为横坐标,吸光度为纵坐标绘制标准曲线。

2. 利用标准曲线,根据测定管吸光度值求血清蛋白含量。

3. 按下式计算血清蛋白含量:

$$血清蛋白含量(mg/ml) = \frac{A_{测}}{A_{标}} \times C_{标} \times 1\,000(稀释倍数)$$

【试剂】

1. 染色液：称取 100 mg 考马斯亮蓝 G－250 溶解于 50 ml 的 95% 乙醇中，加入 100 ml 85% 磷酸，加水稀释到 1 000 ml。

2. 蛋白标准液(0.1 mg/ml)

(1) 贮存液：准确称取经凯氏定氮法校正的结晶牛血清清蛋白 100 mg，在 100 ml 容量瓶中加生理盐水至刻度。－20℃冰箱保存。

(2) 应用液：取贮存液 10.0 ml 加入 100 ml 容量瓶，加生理盐水至刻度。

【器材】

1. 试管及试管架。
2. 刻度吸量管。
3. 100 ml 容量瓶。
4. 721 型分光光度计。

【思考题】

考马斯亮蓝 G－250 染色法定量测定蛋白质含量有什么优缺点？

实验十六　血清蛋白醋酸纤维薄膜电泳

【目的】

1. 学习醋酸纤维薄膜电泳的原理及操作。
2. 学习测定人血清中各种蛋白质的相对百分含量。
3. 了解醋酸纤维薄膜作支持物进行电泳的优点及使用范围。

【原理】

蛋白质是两性电解质，其在等电点时呈电中性状态，在电场中既不向负极移动，也不向正极移动。血清中各种蛋白质的等电点多低于 pH7.4，因此在 pH 比其等电点高的缓冲液(pH8.6)中，它们都解离成负离子，在电场中向正极移动。因为各种血清蛋白质等电点不同(故而在相同 pH 值下其带电荷数不同)以及分子量不同，因而在电场中的移动速度不同。蛋白质分子小而带电荷多者，移动速度快；分子大而带电荷少者，移动速度慢。据此原理，可利用醋酸纤维薄膜电泳将血清蛋白质分为清蛋白、α_1－球蛋白、α_2－球蛋白、β－球蛋白及 γ－球蛋白 5 条区带。这些血清蛋白分离后，用蛋白染色剂进行染色。由于蛋白质的量与结合的染料量基本成正比，故可分别将

5 条区带剪开,使染料-蛋白结合物溶解于碱性溶液中,用比色法测定,并计算出 5 种蛋白质的相对百分数。也可将染色后的薄膜经透明处理,直接用光密度扫描仪测定。

【操作】

1. 电泳准备:

(1) 将醋酸纤维薄膜切成 2 cm 宽,8 cm 长的小条。

(2) 浸泡:将薄膜有光泽面向下漂浮于缓冲液中,浸泡 5 ~ 10 min,待膜完全浸透后,取出轻轻夹于滤纸中,吸去多余的溶液。

(3) 点样:在无光泽面距一端约 2 cm 处,用点样器(或较细而尖端光滑的微量吸管)取血清 2 ~ 3 μl,进行点样。

(4) 上槽:待血清吸入膜后,以无光泽面向下、两端紧贴在滤纸桥上(加血清的一端贴在电泳槽阴极端,切勿使点样处与电泳槽接触),加盖,平衡 2 ~ 3 min,然后通电(图 10 - 1)。

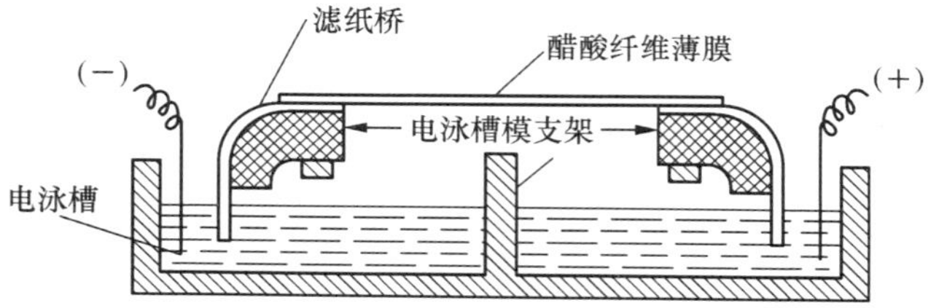

图 10 - 1　醋酸纤维薄膜电泳装置示意图

2. 电泳:电压 100 ~ 120 V,时间 40 ~ 60 min。

3. 染色及漂洗:电泳完毕后,关闭电源,将膜取出,直接浸于丽春红染色液中 10 ~ 15 min。然后取出用漂洗液浸洗脱色,至背景完全无色为止。

4. 绘制电泳图谱:将漂洗后的膜夹于滤纸中吸干,观察电泳区带,并绘制电泳图谱。

5. 定量:剪下醋酸纤维薄膜上各蛋白区带及一小段未着色的空白区,分别浸入 5 ml 洗脱液中,振荡数次,放置 30 min 后比色。用 500 nm 波长,以空白管调零,读取各蛋白质的吸光度值。

6. 透明保存:为了更好保存标本,将漂洗后的醋酸纤维薄膜用滤纸吸干残液,放入稀透明液中浸泡 2 min,然后小心取出放入浓透明液中浸泡 1 ~ 2 min,取出贴于玻片上,放置 40 ~ 50℃ 烘箱烤干或电吹风吹干。

【结果处理】

1. 绘制血清蛋白醋酸纤维薄膜电泳结果示意图。

2. 计算各区带的血清蛋白含量：以各区带吸光度值除以总吸光度值（各带吸光度之和），然后乘以100%，分别计算各种血清蛋白的相对百分含量。血清蛋白含量参考值见表10－1。

表10－1　血清蛋白含量参考值

血清蛋白	A	α_1	α_2	β	γ
pI	4.64	5.06	5.06	5.12	6.85～7.5
分子量（$\times10^4$）	6～9	5～20	30	9～15	30
含量（%）	60～70	2～3.5	4～7	9～11	12～18

【注意事项】

本实验常发生的问题及解决方法如下。

1. 电泳图谱不齐：点样时血清滴加不均。

2. 电泳图谱出现条痕：点样后薄膜过干，或由于电泳槽密闭性不良，或电流过大造成水分蒸发，薄膜干燥。

3. 分离不良：标本滴加过多。

4. 区带拖尾：缓冲液离子强度小于0.05。

5. 区带过于紧密：缓冲液离子强度大于0.075。

6. 染色后清蛋白中间色浅：染色时间不足，或清蛋白含量过高。此时可减少点样用量或延长染色时间。

7. γ－球蛋白向反向移动：系电渗现象。可升高点样端的缓冲液面高度，或适当加大电流量克服之。

8. 透明时若膜不干或透明液中醋酸含量不足，膜即发白，不能完全透明；若透明液中醋酸含量过高，或室温过高，可使膜溶解，此时可酌情增减醋酸含量。

【试剂】

1. 巴比妥缓冲液：pH 8.6，离子强度0.06。称取巴比妥钠12.76 g、巴比妥1.66 g，用蒸馏水溶解并加至1 000 ml。

2. 染色液：称取丽春红S 0.8 g，溶于6%三氯醋酸100 ml中。

3. 漂洗液：冰醋酸∶水＝3∶97。

4. 洗脱液：0.4 mol/L氢氧化钠。

5. 透明液

（1）稀透明液：冰醋酸10 ml，无水乙醇90 ml。

（2）浓透明液：冰醋酸30 ml，无水乙醇70 ml。

【器材】

1. 醋酸纤维薄膜:切成 8 cm×2 cm。
2. 点样器。
3. 普通电泳仪及水平电泳槽。
4. 染色缸或培养皿、剪刀、镊子。
5. 试管及试管架、吸量管。
6. 721 型分光光度计。

【思考题】

1. 什么是电泳技术?
2. 电泳法为何能把血清蛋白分成若干区带?

实验十七 血清蛋白聚丙烯酰胺凝胶电泳

【目的】

1. 熟悉聚丙烯酰胺凝胶电泳的原理。
2. 了解聚丙烯酰胺凝胶电泳的操作方法。

【原理】

本实验利用聚丙烯酰胺凝胶作支持物。具有不同电荷量和分子大小不一的各种血清蛋白通过凝胶的浓缩效应、电荷效应、分子筛效应而被精细地分离。血清蛋白在纸上电泳可分成 5 ~7 个组分,而在聚丙烯酰胺凝胶上电泳一般可分成 12 ~25 个组分(图 10 -2)。

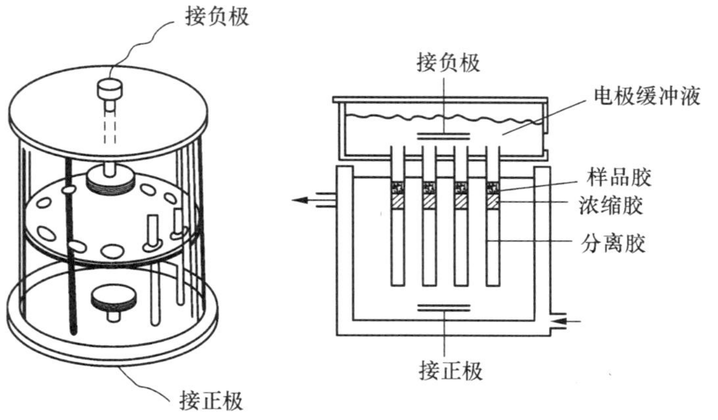

图 10 -2 圆盘电泳示意图

【操作】

1. 凝胶柱的制备

(1) 取 10 cm ×0.4 cm 的玻管(两端磨平),一端插入带有玻璃珠的橡胶管内,垂直安放在试管架上。

(2) 取小烧杯,按下表配制分离胶溶液。

(单位:ml)

试　剂	分离胶	浓缩胶
30%丙烯酰胺(含 Bis)	2.5	0.5
分离胶缓冲液(pH8.9)	1.25	—
浓缩胶缓冲液(pH6.7)	—	0.63
1% TEMED	0.5	0.1
蒸馏水	5.25	3.75
1%过硫酸铵	0.5	0.5

(3) 用毛细滴管吸取分离胶溶液,沿玻管管壁注入至上端 2 ~2.5 cm 处。若有气泡,可轻轻叩打玻管,排除气泡。

(4) 立即用毛细滴管沿凝胶管管壁加入蒸馏水约 0.5 cm 高度。加水时必须缓慢细心,尽量减少胶液表面的震动与混合。

(5) 静置 30 min 后,制备浓缩胶溶液(按上表操作)。

(6) 用滴管吸去凝胶管的水层,并用滤纸吸干水分。

(7) 用毛细滴管沿凝胶管管壁加入浓缩胶溶液约 1.0 ~1.5 cm 高度,随即加入蒸馏水约 0.5 cm 高度,静置,待胶凝结后使用。

若省略浓缩胶的制备,亦可得到近似的分离效果。

2. 样品配制:取正常血清 0.2 ml,加入 25%蔗糖溶液 0.2 ml,再加入 0.05%溴酚蓝水溶液 0.1 ml。

3. 电泳

(1) 选择合格的凝胶管(凝胶无气泡、裂痕、剥离或聚合不匀),去水,垂直插入上电泳槽的橡胶塞孔中,使凝胶顶层正好可见。

(2) 加样:取样品液 10 ~15 μl,沿管壁加在胶面上,记录各管编号和样品种类。

(3) 用毛细滴管吸取电泳缓冲液沿管壁慢慢加入凝胶管中,直至顶端(注意:加入缓冲液时,不要激起样品液)。然后,在上槽和下槽中加够电泳缓冲液。

(4) 上槽接负极,下槽接正极,接通电源,调节电流为每管 1 mA,待示踪染料(溴酚蓝)进入凝胶时,调节电流为每管 2 mA。待示踪染料迁移到管的下口约 0.5 cm 处,切断电源。

4. 剥胶:取下凝胶管,用带有 10 cm 长局麻针头的注射器,内盛蒸馏水作为润滑剂。将针头插入胶柱与管壁之间,边注水边旋转玻管,直至胶柱与管壁分开。然后用洗耳球轻轻在胶管一端加压,使凝胶柱从玻管中缓慢滑出。

5. 染色与脱色:将取出的胶柱浸入 0.5% ~1.0% 氨基黑染色液中,染色 10 ~15 min(有的蛋白质需 1 h 以上)。染色后,先用水洗去多余的染料,再放入 7% 醋酸中脱色,直至余色全部脱去为止。

【附】聚丙烯酰胺凝胶垂直板型电泳的灌胶方法

按配方在模具中灌注分离胶后,小心地在分离胶的表面加一层水(或水饱和的异丙醇或正丁醇),封住胶面,以促使聚合,并使凝胶表面平直。凝胶在 30 ~40℃ 放置约 40 ~60 min 后,可以看到一个界面,表示凝胶聚合。吸掉水(或水饱和的异丙醇或正丁醇),用浓缩胶缓冲液贮液淋洗凝胶,然后灌注浓缩胶,并插入与模具大小相同、与凝胶厚度相当的梳子(图 10 -3)。为防止气泡陷入,梳子应倾斜插入。然后让模具再静止放置在 30 ~40℃,聚合约 40 ~60 min。如果带着梳子过夜可能会影响分辨率,所以浓缩胶最好在使用前再灌注。

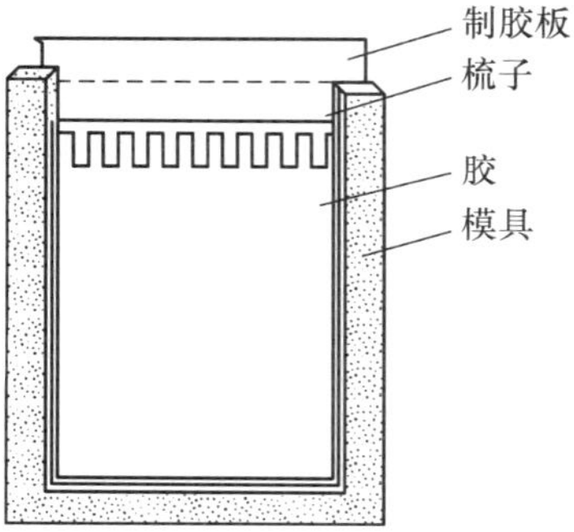

图 10 -3 平板凝胶模示意图

【试剂】

1. 30% 丙烯酰胺(含 Bis):称取丙烯酰胺 30 g,N,N -亚甲基双丙烯酰胺 0.8 g,用蒸馏水溶解并加至 100 ml(注:丙烯酰胺是强烈的神经毒素,可经皮肤吸收,且其作用具有累积性,操作时应小心)。

2. 分离胶缓冲液(pH 8.9):称取三羟甲基氨基甲烷(Tris)36.3 g,加 1.0 mol/L HCl 48.0 ml,加蒸馏水至 100 ml。

3. 浓缩胶缓冲液(pH6.7):称取 Tris 5.9 g,加 1.0 mol/L HCl 48.0 ml,加蒸馏水至 100 ml。

4. 1% 四甲基乙二胺(TEMED):取 TEMED 1.0 ml,加蒸馏水 99 ml,混匀。

5. 1% 过硫酸铵(AP):称取过硫酸铵 1.0 g,加蒸馏水至 100 ml(临用前配制)。

6. 25% 蔗糖溶液:称取蔗糖 25 g,加蒸馏水至 100 ml。

7. 0.05%溴酚蓝：称取溴酚蓝 50 mg，溶于 0.005 mol/L NaOH 100 ml。

8. 0.5%氨基黑染料：称取氨基黑 10B 0.5 g，加 7%醋酸至 100 ml。

9. 7%醋酸。

10. 电泳缓冲液(pH 8.3)：称取 Tris 6.0 g、甘氨酸 28.8 g，加蒸馏水至 1 000 ml，使用时稀释 5 倍(亦可先将 Tris 配成 3%的水溶液，然后往甘氨酸溶液中滴加，直至 pH 为 8.3，再加蒸馏水至 1 000 ml，稀释 5 倍后使用)。

【器材】

1. 电泳玻管、注射器、长针头。
2. 锥形瓶、细长滴管。
3. 可调式定量移液器。
4. 电泳仪。
5. 圆盘形电泳槽。

【思考题】

圆盘电泳和平板电泳各有什么特点和用途?

实验十八　血清蛋白聚丙烯酰胺凝胶等电聚焦电泳

【目的】

1. 学习利用蛋白质等电点的不同来分离蛋白质的方法。
2. 加深对电泳分离蛋白质的认识。

【原理】

等电聚焦是一种特殊的聚丙烯酰胺凝胶电泳法。它的特点是在凝胶柱中加入一种两性电解质载体(商品名 Ampholine)，从而使凝胶柱上产生 pH 值梯度。将混合蛋白质放在这种凝胶柱中进行电泳，由于所带电荷不同，各蛋白质离子在电场作用下按各自方向泳动，最后聚集在各自的等电点相应的 pH 区带上(此时蛋白质质点的净电荷为零不再移动)。这样不同的蛋白质按其等电点的差异得到分离。测定聚焦部位凝胶的 pH 值，即得知该蛋白质的等电点。

聚丙烯酰胺凝胶在等电聚焦电泳中只是起支持物、抗对流、防止已分离的蛋白质再扩散的作用，而无浓缩、分子筛、电荷等效应。

【操作】

1. 制胶：取 30 ml 锥形瓶一只，按下表顺序加入试剂。然后轻轻旋转锥形瓶，充分混匀瓶内试剂。

(单位:ml)

30% Acr - Bis	1% TEMED	1% AP	血清(无溶血)	H_2O	20% Ampholine
2.5	0.8	0.3	0.3	5.6	0.5

等电聚焦电泳凝胶柱制备见实验十七,但胶液灌至离顶端0.5 cm时,小心注入0.3 cm水层后静置30~60 min,胶柱即可收缩凝固。再放置1 h,即可上样电泳。

2. 上样:去水;取样品液10~15 μl,沿管壁加在胶面上,记录各管编号和样品种类(制胶时已上样,可省略这一步)。

3. 电泳:250 V, 4 h(或300 V,3 h)。起始电流为每管3~4 mA,电泳过程电流不断下降,最后可降至零。

4. 剥胶:见实验十七。

5. 固定:12.5%三氯醋酸固定蛋白质区带及洗脱胶内的Ampholine(可与染料结合,影响结果观察)0.5 h以上(12 h更好)。

6. 染色:将已固定好的凝胶柱放入考马斯亮蓝染液中,置50~60℃水浴中,染色15 min。

7. 漂洗:已染色之凝胶柱浸泡于脱色液中,并置50~60℃水浴中保温。更换2~3次脱色液,直至底色基本褪去,蛋白区带清楚出现。此过程约需2~3 h。但良好的背景脱色往往需要3天。一般,本实验可分离出20条蛋白区带。

8. 本实验可用于蛋白质等电点的测定,方法主要有以下2种。

(1) 用多种已知等电点的标准蛋白质同时电泳,根据其位置绘制标准曲线。待测样品的等电点可在标准曲线上查出。

(2) 直接或间接测定待测样品所在位置胶段的pH值。

【附】等电聚焦电泳时,为了增加样品的溶解性,在配胶时一般需加入尿素、离子去污剂等,配方比例参考表10-2(表中溶液体积视凝胶大小按比例增减;载体两性电解质的量按凝胶厚薄适量减增;TEMED和Ap的量视聚合情况增减)。

表10-2 等电聚焦电泳配胶时加入尿素等的配方比例

尿素(g)	30%凝胶贮液(ml)	Ampholine 3.5~10(ml)	Ampholine 5~8(ml)	双蒸水(ml)	10% NP-40(ml)	TEMED(μl)	1% Ap(μl)
2.75	0.665	0.2	0.05	0.985	1.0	4.0	50

【试剂】

1. 30% Acr-Bis、1% TEMED、1%过硫酸铵(AP)见实验十七。

2. 20% Ampholine。

3. 电极缓冲液(上槽):0.2% H_2SO_4;电极缓冲液(下槽):0.4% 乙醇胺水溶液。

4. 12.5% 三氯醋酸。

5. 考马斯亮蓝染液(0.05%):马斯亮蓝 G－250 0.5 g 溶于 910 ml 50% 乙醇中,再加入 90 ml 冰醋酸。

6. 脱色液: 水: 甲醇: 冰醋酸＝65∶25∶10(体积比)。

【器材】

1. 电泳玻管、注射器、长针头。
2. 锥形瓶、细长滴管。
3. 可调式定量移液器。
4. 电泳仪。
5. 圆盘形电泳槽。
6. 恒温水浴箱(50～60℃)。

【思考题】

1. 聚丙烯酰胺在等电聚焦电泳和一般的分离电泳中所起的作用有何不同?

2. 等电聚焦电泳的分辨率与常规聚丙烯酰胺电泳的分辨率相比,哪个高?为什么?

实验十九　SDS－PAGE 测定蛋白质分子量

【目的】

学习用 SDS－PAGE 的方法测定蛋白质的分子量。

【原理】

PAGE 之所以能将不同的大分子化合物分开,是由于这些分子所带电荷的差异和分子大小不同之故。如果将电荷差异这一因素除去或减小到可忽略不计的程度,分子在凝胶上泳动率的大小则完全取决于分子量。

SDS 是一种阴离子表面活性剂,它能够破坏蛋白质分子内及其与其他物质之间的非共价键,使蛋白质变性而改变原有的空间构像,与蛋白质分子结合成带负电荷的 SDS－蛋白质复合物。在强氧化剂如巯基乙醇存在的条件下,由于蛋白质分子内二硫键被还原,而使这种结合更加充分。一定量的 SDS 与蛋白质分子结合后,其负电荷远远超过了蛋白质原有的电荷差别,可降低或消除不同蛋白质之间原有电荷差别,这样就使电泳迁移率只取决于分子大小这一个因素。在一定范围内,电泳相对迁移率与分子量的对数呈直线关系。根据标准蛋白质分子量的对数和迁移率所作的标准曲线,可求得待测蛋白质的分子量。

由于蛋白质分子内次级键的破坏,蛋白质分子的各亚基被分离。故对于多亚基蛋白质来说,此法测出的是各亚基的分子量,需进一步处理才能得到完整分子的分子量。

【操作】

1. 凝胶柱的制备

(1) 连续 SDS - PAGE 配胶:按下表比例配制凝胶(单位:ml)。

试剂	5%凝胶	7.5%凝胶	10%凝胶
凝胶贮液	3.33	5.0	6.67
凝胶缓冲液	10.0	10.0	10.0
1% TEMED	2.0	2.0	2.0
蒸馏水	4.57	2.90	1.23
以上溶液混合后抽气 10 min			
10%过硫酸铵	0.1	0.1	0.1

(2) SDS -凝胶电泳可采用垂直柱型,也可采用垂直板型。后者操作更方便,且易于比较结果。凝胶柱制备见实验十七。凝胶板制备:上液混匀后立即用细滴管将胶液加至凝胶板模具中,注意使气泡上浮排出,灌至模具顶部后立即插入“梳子”,室温下聚合约需 40 min。

2. 样品处理

(1) 标准蛋白的处理:几种标准蛋白各取 0.2 mg 左右,分别放入小试管中,按每毫升溶液 0.5 mg 蛋白质的比例,加入样品溶解液,使其充分溶解。轻轻盖上软木塞(不要塞紧,以免加热时迸出),将小试管放入沸水浴中加热 3 min,取出冷却至室温即可加样。

(2) 待测蛋白样品的处理:固体样品制备与标准蛋白质相同。

如样品为液体,则应用浓缩 1 倍的样品溶解液,两者等体积混合,其余操作相同。若待测样品太稀可先浓缩;若样品含盐量太高则需先行透析。

处理好的样品如暂不使用,可放于 -20℃ 冰箱保存较长时间。使用前在沸水浴中加热 1 min,以除去可能出现的亚稳态聚合物。

3. 电泳:将聚合好的凝胶连同制胶模具装置在电泳槽上,拔掉样品槽模板（梳子），用电极缓冲液清洗样品孔，然后将上、下电极槽注满电极缓冲液，检查上槽无泄露，即可加样。

用微量注射器按号向凝胶样品孔加样，每孔加 10～20 μl（含蛋白质 5～10 μg），稀的样品可适量增加体积。加样完毕，打开直流稳压电源（负极接上槽，正极接下槽），50～80 mA 稳流电泳至染料迁移至距凝胶下端约 1 cm 处，停止电泳。

4. 染色、脱色：将凝胶片取出，滑入一大瓷盘或大培养皿内。在凝胶板切下一角作为加样标志，在两侧染料区带的中心插入细铜丝作为前沿标志。加入染色液，染色 1 h 左右。倾出染色液，用蒸馏水洗凝胶数次后加入脱色液，数小时换液 1 次，直至背景清晰。

【附 1】SDS－PAGE 不连续电泳所配制的不同终浓度、不同厚度或不同大小的凝胶，可根据表 10－3 中的体积按比例变化。

表 10－3　SDS－PAGE 不连续电泳的凝胶配方（垂直电泳）

贮　液	凝胶终浓度（T）				
	3%	5%	10%	15%	20%
30% 单体贮液（ml）	3.4	5	10	15	20
浓缩胶缓冲液贮液（ml）	2.4	—	—	—	—
分离胶缓冲液贮液（ml）	—	7.5	7.5	7.5	7.5
10% SDS（ml）	0.2	0.3	0.3	0.3	0.3
双蒸水（ml）	14	17.2	12.2	7.2	2.2
10% AP（μl）	10	10	10	10	10
1% TEMED（μl）	10	10	10	10	10

【附 2】SDS－PAGE 不连续梯度电泳所配制的不同终浓度、不同厚度和不同大小的凝胶，可根据表 10－4 中的体积按比例变化，等体积混合重液和轻液。

表 10－4　SDS－PAGE 不连续梯度电泳的凝胶配方（垂直电泳）

贮　液	浓缩胶	梯度凝胶终浓度（T）					
	C＝3%	4%～22.5%		8%～18%		10%～22.5%	
	T＝4%	轻液	重液	轻液	重液	轻液	重液
30% 单体贮液（ml）	0.65	1.3	7.5	2.7	6.0	3.3	7.5
浓缩胶缓冲液贮液（ml）	1.25	—	—	—	—	—	—
分离胶缓冲液贮液（ml）	—	2.5	2.5	2.5	2.5	2.5	2.5

续　表

贮　液	浓缩胶	梯度凝胶终浓度(T)					
	C = 3%	4% ~ 22.5%		8% ~ 18%		10% ~ 22.5%	
	T = 4%	轻液	重液	轻液	重液	轻液	重液
87% 甘油(ml)	1.4	2.8	—	2.8	—	2.8	—
双蒸水(ml)	1.7	3.4	—	2.0	1.5	1.4	
40% 过硫酸铵(μl)	4	9	9	9	9	9	9
1% TEMED(μl)	3	5	5	5	5	5	5

【数据处理】

1. 计算相对迁移率:用直尺分别量出各样品区带中心距加样端的距离,计算相对迁移率(R_F):

$$R_F = \frac{\text{样品迁移距离(cm)}}{\text{染料迁移距离(cm)}}$$

2. 绘制标准曲线:以标准蛋白质的相对迁移率作横坐标,标准蛋白质分子量的对数为纵坐标作图,可得一条标准曲线。根据待测样品的相对迁移率,可直接在标准曲线上查出其分子量。

【试剂】

1. 标准蛋白质:目前国内外均有低分子量及高分子量标准蛋白质成套试剂盒供应(表 10-5),用于 SDS-PAGE 测定未知蛋白质分子量,也可自己选用。

表 10-5　标准蛋白质

标准蛋白质	分子量	来　源	标准蛋白质	分子量	来　源
细胞色素 C	12 500	马心	卵清蛋白	43 000	鸡卵
胰凝乳蛋白酶原 A	25 000	牛胰	牛血清清蛋白	67 000	牛血清
胃蛋白酶	35 000	猪胃			

2. 0.2 mol/L 磷酸盐缓冲液(pH 7.2):称取磷酸氢二钠 $Na_2HPO_4 \cdot 2H_2O$ 25.63 g 或 $Na_2HPO_4 \cdot 12H_2O$ 51.58 g,再称取磷酸二氢钠 $NaH_2PO_4 \cdot H_2O$ 7.73 g 或 $NaH_2PO_4 \cdot 2H_2O$ 8.74 g,溶于双蒸水中并定容至 1 000 ml。

3. 样品溶解液:0.01 mol/L 磷酸盐缓冲液(pH 7.2)内含 1% SDS、1% 巯基乙醇、10% 甘油、0.02% 溴酚蓝,配制方法如下表。

SDS	巯基乙醇	甘油	溴酚蓝	0.2 mol/L 磷酸缓冲液	加双蒸水至总体积为
100 mg	0.1 ml	1 ml	2 mg	0.5 ml	10 ml

4. 凝胶贮液：称取 Acr 30 g、Bis 0.8 g，加双蒸水至 100 ml，过滤后置棕色瓶，4℃贮存可用 1 ~2 个月。

5. 凝胶缓冲液：称取 SDS 0.2 g，加 0.2 mol/L 磷酸盐缓冲液(pH 7.2)至 100 ml，4℃贮存，用前稍加温使 SDS 溶解。

6. 1% TEMED：取 TEMED 1 ml，加双蒸水至 100 ml，置棕色瓶内 4℃贮存。

7. 过硫酸铵：此液应每周新配。置棕色瓶内，4℃贮存。

(1) 10% 过硫酸铵：称过硫酸铵 10 g，加双蒸水至 100 ml。

(2) 40% 过硫酸铵：称过硫酸铵 4 g，加双蒸水至 10 ml。

8. 电极缓冲液(0.1% SDS，0.1 mol/L 磷酸盐缓冲液，pH 7.2)：称取 SDS 1 g，加 500 ml 的 0.2 mol/L 磷酸盐缓冲液(pH 7.2)，再用蒸馏水定容至 1 000 ml。

9. 浓缩胶缓冲液贮液(1 mol/L Tris - HCl，pH 6.8)：称取 Tris 6.06 g 溶解在 40 ml 双蒸水中，用 4 mol/L 盐酸调节 pH 达 6.8，再用双蒸水加至 50 ml，4℃保存。可加 0.2 g SDS 溶于其中，直接用于配胶。

10. 分离胶缓冲液贮液(1.5 mol/L Tris - HCl，pH 8.8)：称取 Tris 9.08 g 溶解在 40 ml 双蒸水中，用 4 mol/L 盐酸调节 pH 达 8.8，再用双蒸水加至 50 ml。4℃保存。可加 0.2 g SDS 溶于其中，直接用于配胶。

11. 10% SDS：称取 SDS 25 g，用双蒸水溶解至 250 ml，室温保存。

12. 染色液：称取考马斯亮蓝 R250 0.25 g，加 50% 甲醇 454 ml 和冰醋酸 46 ml。

13. 脱色液：取冰醋酸 75 ml、甲醇 50 ml，加蒸馏水定容至 1 000 ml。

【器材】

1. 垂直平板电泳槽。
2. 锥形瓶、细长滴管。
3. 可调式定量移液器。
4. 电泳仪。
5. 白瓷盘。
6. 试管及恒温水浴箱(100℃)。

【思考题】

SDS - PAGE 测蛋白质分子量用垂直柱型还是垂直板型更好，为什么？

实验二十 凝胶层析(分子筛层析)

【目的】

了解凝胶层析分离物质的原理和方法。

【原理】

凝胶层析又称凝胶过滤,是选用一定大小孔隙的凝胶,将混合液中的小分子和大分子物质“筛”开来的一种分离方法。

本实验采用交联葡萄聚糖凝胶 G-25(Sephadex G-25)作为层析柱,将蓝色葡萄糖(Blue Dextran 2 000,蓝色,分子量 2×10^6)和铬酸钾(黄色,分子量194.2)混合物进行分离。上样后,以 0.9% NaCl(或蒸馏水)为洗脱剂进行洗脱。由于蓝色葡聚糖和铬酸钾分子量不同(分子量大小不同),通过交联葡聚糖凝胶层析柱时,分子量较小的铬酸钾进入凝胶颗粒内部网格中,而分子量较大的蓝色葡聚糖分子经凝胶颗粒间的孔隙随洗脱剂先流出,易进入凝胶颗粒内部网格中的铬酸钾分子需经过一定时间后才能随洗脱剂流出。即分子量大者先流出,分子量小者后流出。如此,分子大小不同的物质就能被分开。蓝色葡聚糖(蓝色)和铬酸钾(黄色)在凝胶柱中可被分离出两条不同颜色的区带,并可分别进行收集。

【操作】

1. 凝胶处理:取国产 Sephadex G-25 以蒸馏水浸泡过夜(必要时可加热溶胀),倾出上清液及微细颗粒凝胶,然后加 0.9% NaCl 适量至浆状,即可准备装柱。

2. 装柱:取直径 0.8~1.2 cm、长 17~20 cm 层析柱,在管底部无砂芯滤板者需填少许玻璃棉,先将柱垂直放好,关闭出水口。自顶部缓缓加入稀薄的交联葡聚糖 G-25 悬液,待底部凝胶沉积 1~2 cm,再打开出水口,继续加入上述悬液,至凝胶层沉积达 15 cm 即可,关闭出水口。操作过程中注意防止产生气泡与分层。表面须平整,如柱表面出现凹陷现象,可用细玻棒轻轻搅动表面使凝胶自然沉降,沉降 2 min 后打开出水口,使溶液缓缓流下,至液面刚好进入凝胶柱表面,关闭出水口。

3. 加样:蓝色葡聚糖和铬酸钾以 2:1 比例混合,取此混合液 20 滴,加入凝胶面上(注意:不要搅动凝胶面,凝胶面应保持平整)。开启出水口使试样流入柱内,关闭出水口。小心加入 0.9% NaCl 20 滴,开启出水口,使缓缓流入柱内。再重复一次,以洗净可能黏附于柱壁的样品,关闭出水口。

4. 洗脱收集：用洗脱液（0.9% NaCl 或水）洗脱，洗脱液要分次加入，每次都要注意不可使床面液体流完。边洗脱边用试管分部收集（每管收集约1 ml）流出液，直至全部有色物质流出为止。然后用 0.9% NaCl 分次（共 10 ml）洗涤层析柱，该柱仍可重复使用。注意观察蓝色葡聚糖与铬酸钾在层析柱中的色带位置及洗脱次序。

5. 洗脱曲线的绘制：以吸光度（本实验为颜色深浅度）为纵坐标，收集的管号为横坐标，绘制洗脱曲线。

【试剂】

1. 葡聚糖凝胶 G－25（Sephadex G－25）。
2. 0.5% 蓝色葡聚糖液。
3. 0.5% 铬酸钾液。
4. 0.9% NaCl。

【器材】

1. 层析柱、铁架台。
2. 细玻棒及滴管（细长）。
3. 试管及试管架、烧杯。

【思考题】

1. 用凝胶层析法可以分离血清蛋白质吗，为什么？
2. 如何判断流出的洗脱液中各种血清蛋白质出现？

实验二十一　离子交换层析分离氨基酸

【目的】

1. 掌握离子交换层析分离氨基酸的原理。
2. 熟悉离子交换层析装柱、洗脱及收集等操作技能。

【原理】

离子交换层析是根据待测物质的阳离子或阴离子和相对应的离子交换剂间的静电结合，即根据物质的酸碱性、极性等差异，通过离子间的吸附和解吸附的原理将溶液中的各组分分开的一种技术。由于不同的物质所带电荷不同，其对离子交换剂就会有不同的亲和力，然后通过改变洗脱液的 pH 值或离子强度，就可使这些组分按亲和力大小顺序依次从层析柱上洗脱下来。

氨基酸是两性电解质，有一定的 pI。在溶液 pH 值小于其 pI 时带正电，大于其 pI 时带负电。故在一定 pH 值条件下，各种氨基酸的带电情况不同，与离子交换剂上的交换基团的亲和力亦不同,因而得到分离。

本实验采用含磺酸基团的强酸型阳离子交换树脂(732 型)作为离子交换剂,分离的样品为含有 Glu、Phe、Lys 3 种氨基酸的混合液,这 3 种氨基酸的 pI 分别为 3.22、5.48、9.74。它们随着洗脱液 pH 值的改变而分别带不同性质的电荷,与树脂上的磺酸基团之间的亲和力不同,因此被洗脱下来的顺序亦不同,可以将 3 种不同的氨基酸分离开来,将各收集管分别用茚三酮显色鉴定。

【操作】

1. 树脂的处理:干树脂用蒸馏水充分浸泡膨胀后,倾去细小颗粒,然后用 4 倍体积的 2 mol/L HCl 及 2 mol/L NaOH 依次浸洗。每次浸泡 2 h,并分别用蒸馏水洗至中性。再用柠檬酸钠缓冲液浸泡备用。

2. 装柱前准备:用蒸馏水冲洗层析柱,将层析柱垂直装好,在柱流水出口处装上乳胶管,关闭柱底出口。在柱内加入 8 ~ 10 cm 高的柠檬酸钠缓冲液,打开柱底出口,排出乳胶管内气泡后关闭出口。

3. 装柱:将处理好的树脂搅拌成悬浮状,沿柱内壁缓慢倒入,待树脂自然下沉在柱底部逐渐沉积 2 ~ 3 cm 高时,慢慢打开柱底出口,放出液体,再继续加入树脂悬液直至树脂沉积高度为 16 ~ 18 cm 时为止。层析柱要求连续、均匀,无分层、无气泡等现象,必须防止液面低于树脂平面,否则要重新装柱。

4. 平衡:层析柱装好后,缓慢沿管壁加满柠檬酸钠缓冲液,接上恒流泵,用柠檬酸钠缓冲液以每分钟 5 滴流速平衡 40 min 左右,直至用 pH 试纸测得流出液的 pH 值与缓冲液的 pH 值相等为止,关闭柱底出口。也可快速平衡 5 min,控制流速每分钟 4 ~ 5 滴 5 min。

5. 加样与洗脱:移去层析柱上连接泵的橡胶管,打开柱底出口,小心使柱内缓冲液的液面与树脂平面几乎相平时即行关闭(注意:不能使树脂露出液面)。马上用加样器吸取氨基酸混合样品 0.5 ml,沿靠近树脂表面的管壁慢慢加入(注意不能破坏树脂平面),然后缓慢打开柱底管夹,使液面再与树脂面相齐时关闭。加少量柠檬酸钠缓冲液清洗内壁 2 ~ 3 次,使样品进入柱内。当样品完全进入树脂床内,即可接上恒流泵,调流速 0.5 ml/min,开始洗脱。

6. 收集与检测:柱洗脱液可用自动部分收集器或以刻度试管人工收集。按每管 2 ml 收集。每收集 1 管,取 1 ml 收集液于另一洁净的试管中,加入醋酸钠缓冲液 1 ml,茚三酮显色液 1 ml,混合后置沸水水浴加热 15 min。取出,用冷水冷却后,加 60% 乙醇 3 ml 稀释,摇匀后在波长 570 nm 处比色。以蒸馏水作为空白管,读取各管吸光度值。当收集至第 1 峰出现完毕后,关闭恒流泵和柱底出口,立即将洗脱液更换为 NaCl 溶液。当收集至第 2 峰出现完毕后,再次将洗脱液更换为 0.1 mol/L NaOH 溶液,直至第 3 峰出现完毕。

7. 洗脱曲线的绘制:以吸光度为纵坐标,收集的管号或体积为横坐标,绘制洗脱曲线。

8. 树脂的再生:用 0.1 mol/L NaOH 溶液洗层析柱 10 min。

9. 回收树脂:拔去乳胶管,用洗耳球对着层析柱流出口将树脂吹入装树脂的小瓶内,加柠檬酸钠缓冲液浸泡,即可重复使用。

【试剂】

1. 732 型阳离子交换树脂。

2. 洗脱液

(1) 0.06 mol/L 柠檬酸钠缓冲液(pH4.2):称取柠檬酸三钠 98.0 g 溶于蒸馏水中,再加入 42 ml HCl 和 6 ml 80% 苯酚(现用可不加苯酚),用 pH 计调溶液 pH 至 4.2,最终加蒸馏水至 5 L。

(2) 0.2 mol/L NaCl 溶液:称取 NaCl 11.7 g 溶于蒸馏水至 1 L。

(3) 0.1 mol/L NaOH 溶液:称取 NaOH 4 g 溶于蒸馏水至 1 L。

3. 样品液:称取谷氨酸(Glu)14.7 mg、苯丙氨酸(Phe)16.5 mg、赖氨酸(Lys)14.6 mg 分别溶于 0.06 mol/L 柠檬酸钠缓冲液(pH4.2) 10.0 ml 中,混合后冰箱保存。

4. 2 mol/L 醋酸钠缓冲液(pH5.4):称取 16.4 g 无水醋酸钠溶于蒸馏水中,用 pH 计调溶液 pH 至 12,最终加蒸馏水至 100 ml。

5. 茚三酮显色液:称取 85 mg 茚三酮和 15 mg 还原茚三酮,用 10 ml 乙二醇甲醚溶解。

【器材】

1. 层析柱[(0.8 ~1.2)cm ×25 cm]。

2. 恒流泵,部分收集器。

3. 吸管、试管、烧杯、乳胶管。

4. 水浴装置。

5. 721 型分光光度计。

【思考题】

1. 简述离子交换层析分离氨基酸的原理。

2. 本实验中,为什么第 1 峰为谷氨酸,第 2 峰为苯丙氨酸,第 3 峰为赖氨酸?

第十一章　核　　酸

核酸的定量分析

核酸——核糖核酸(RNA)、脱氧核糖核酸(DNA),都是由许多单核苷酸通过磷酸酯键连接而成的多核苷酸。每个单核苷酸分子则由一个分子有机含氮碱(嘌呤碱或嘧啶碱),一个分子糖(核糖或脱氧核糖)及一个分子磷酸所组成,而且在核酸里,有机碱、戊糖和磷酸几乎是成等分子数而存在。一般测定核酸的方法,是测定三者中的任何一种成分就可以了。这里介绍紫外吸收法测定核酸含量,二苯胺法测 DNA 含量,地衣酚显色法测 RNA 含量。

实验二十二　核酸定量分析(一):紫外分光光度法

【目的】

1. 熟悉紫外分光光度法测定核酸含量的原理和方法。
2. 掌握 752 型紫外分光光度计的使用方法。

【原理】

由于嘌呤环和嘧啶环的共轭双键,DNA 和 RNA 都有吸收紫外光的性质,它们的吸收高峰在 260 nm 波长处。嘌呤和嘧啶以及一切含有它们的物质,不论是核苷、核苷酸或核酸都有吸收紫外光的特性。核酸和核苷酸的分子消光系数(或称吸收系数)用 $\varepsilon(P)$ 来表示,$\varepsilon(P)$ 为每升溶液中含有 1 mol 核酸磷的消光值(即吸光度或称光吸收)。RNA 的 $\varepsilon(P)$260 nm(pH 7)为 7 700 ~ 7 800。RNA 的含磷量约为 9.5%,因此每毫升溶液含 1 μg RNA 的吸光度值相当于 0.022 ~ 0.024。小牛胸腺 DNA 钠盐的 $\varepsilon(P)$260 nm(pH 7)为 6 600,含磷量为 9.2%,因此每毫升溶液含 1 μg DNA 钠盐的吸光度值为 0.020。

蛋白质由于含有芳香氨基酸,也有紫外吸收性质。通常蛋白质的吸收高峰在 280 nm 波长处,在 260 nm 处的吸收值仅为核酸的 1/10 或更低,故核酸样品中蛋白质含量较低时,对核酸的紫外测定影响不大。RNA 的 A_{260}/A_{280} 比值在 2.0 以上,DNA 的 A_{260}/A_{280} 比值则为 1.8 左右。当样品中蛋白质含量较高时,比值即下降。

如果待测的核酸样品中含有酸溶性核苷酸或可透析的低聚多核苷酸,在测定时需加入钼酸铵—过氯酸沉淀剂,沉淀除去大分子核酸,测定上清液 A_{260} 值作为对照。

【操作】

取 2 支小试管,编号,按下表操作。

（单位:ml）

试　剂	管　号	
	A	B
样品液	0.5	0.5
蒸馏水	0.5	—
钼酸铵-过氯酸	—	0.5
混匀,于冰浴中放置 30 min, 3 000 r/min 离心 10 min 从两管中分别吸取 0.4 ml 上清液到两个 50 ml 容量瓶内,定容到刻度 以蒸馏水作空白调零点,于紫外分光光度计上测定 260 nm 处吸光度		
A_{260}		

【计算】

1. RNA(或 DNA)浓度:

$$\text{RNA(或 DNA)浓度}(\mu g/ml) = \frac{\Delta A_{260}}{0.024(\text{或 }0.020)} \times \text{稀释倍数}$$

式中,ΔA_{260} 为 A 管稀释液在 260 nm 波长处吸收值减去 B 管稀释液在 260 nm波长处吸收值。本实验稀释倍数为 250。

若不考虑待测的核酸样品中所含酸溶性核苷酸或可透析的低聚多核苷酸造成的误差,可将样品液稀释后直接于紫外分光光度计上测定 260 nm 处吸光度,用 A_{260} 代替上式中 ΔA_{260} 计算核酸浓度。

2. 固体样品核酸百分含量(纯度):

$$\text{固体样品核酸百分含量} = \frac{\text{核酸浓度}(\mu g/ml)}{\text{每 ml 样品液中含固体样品的 }\mu g\text{ 数}} \times \text{稀释倍数}$$

【试剂】

1. 钼酸铵-过氯酸沉淀剂(0.25% 钼酸铵-2.5% 过氯酸溶液):取 3.6 ml 70% 过氯酸和 0.25 g 钼酸铵溶液于 96.4 ml 蒸馏水中。

2. 样品液:2 mg/ml 酵母 RNA 液。

【器材】

1. 试管及试管架。

2. 吸量管。

3. 离心机。

4. 容量瓶。

5. 752 型紫外分光光度计。

【思考题】

1. 本法测定核酸的理论根据是什么? 有什么缺点?

2. 如何利用核酸的紫外吸收性质检测其纯度?

实验二十三　核酸定量分析(二):地衣酚法

【目的】

熟悉地衣酚法测定 RNA 含量的原理和方法。

【原理】

RNA 中的核糖用地衣酚(即 3,5-二羟甲苯,或称苔黑酚)法加以测定。核糖在浓盐酸中脱水环化成糠醛,后者与地衣酚反应呈绿色,在 670 nm 处有最大吸收。待测样品中若 RNA 在 5~50 μg/ml 之间,吸光度值与 RNA 浓度成正比。

【操作】

1. 待测样品的稀释:取含 RNA 的样品溶液 2.0 ml,加入 5% $HClO_4$ 至 10 ml,摇匀。

2. 按下表操作:

(单位:ml)

试　剂	管　号		
	标准管	待测管	空白管
RNA 标准管(0.1 mg/ml)	1.0	—	—
样品稀释液	—	1.0	—
6 mol/L HCl	—	—	1.0
地衣酚试剂	3.0	3.0	3.0

续　表

试　剂	管　号		
	标准管	待测管	空白管
	混匀各管,沸水浴中 10 min 冷却后,以空白管调零点,于 670 nm 比色,读取吸光度		
A_{670}			

【计算】

$$\text{RNA 含量: RNA(mg/dl)} = \frac{A_{样}}{A_{标}} \times 0.1 \times 5 \times 100 = \frac{A_{样}}{A_{标}} \times 50$$

【试剂】

1. 5% 高氯酸($HClO_4$)溶液。

2. 6 mol/L HCl。

3. 地衣酚试剂:

(1) 地衣酚贮存液:称取 5 g 地衣酚溶于 10 ml 95% 乙醇中,此液呈深红色。

(2) 铜离子溶液:称取 0.75 g 结晶氯化铜($CuCl_2 \cdot 2H_2O$)溶于 500 ml 12 mol/L盐酸中。此液呈深黄色。

(3) 临用前取 2 ml 地衣酚贮存液,加 100 ml 铜离子溶液,混匀。

4. RNA 标准液(0.1 mg/ml)用 1/10 万分析天平精确称取纯 RNA 10 mg,用 0.001 mol/L NaOH 溶解,并定容至 100 ml。

【器材】

1. 试管及试管架。

2. 吸量管。

3. 恒温电热水浴箱(沸水浴)。

4. 721 型分光光度计。

【思考题】

地衣酚法测定 RNA 含量的依据是什么?

实验二十四　核酸定量分析(三):二苯胺法

【目的】

熟悉二苯胺法测定 DNA 含量的原理和方法。

【原理】

由于 DNA 中含有脱氧核糖,可以用二苯胺法测定 DNA 的含量。脱氧核糖在酸性条件下脱水生成 ω-羟基-γ-酮基戊醛,后者与二苯胺反应生成蓝色物质,在 595 nm 处有最大吸收。当待测样品中 DNA 含量在 10～50 μg/ml 范围内时,吸光度值与 DNA 浓度成正比。

【操作】

1. 取含 DNA 的溶液直接作为待测样品液。

2. 取 3 支试管,按下表操作。

(单位:ml)

试剂	管号		
	标准管	待测管	空白管
DNA 标准液(100 μg/ml)	2.0	—	—
待测样品液	—	2.0	—
蒸馏水	—	—	2.0
20% $HClO_4$	2.2	2.2	2.2
二苯胺试剂	2.0	2.0	2.0
混匀各管,56℃水浴 1 h。冷却后,以空白管调零,595 nm 处测定吸光度			
A_{595}			

【计算】

$$\text{DNA}(\mu g/ml) = \frac{A_{样}}{A_{标}} \times 100$$

【试剂】

1. 20% $HClO_4$:量取 70% $HClO_4$(AR) 71.4 ml,加水至 250 ml。

2. 4%二苯胺冰醋酸溶液:称取二苯胺(AR)4 g,加入少量冰醋酸(AR),微热使二苯胺全部溶解,再加入冰醋酸至 100 ml。此溶液不稳定,只限当天使用。

3. DNA 标准液(100 μg/ml):用分析天平精确称取鱼精 DNA 10 mg,加水至 100 ml。DNA 在水中较难溶解,可在实验前 1 天配制。

【器材】

1. 试管及试管架。

2. 吸量管。

3. 恒温电热水浴箱(56℃)。

4. 721 型分光光度计。

【思考题】

地衣酚法与二苯胺法测定核酸含量有什么根本不同?

实验二十五　DNA 的琼脂糖凝胶电泳及其检测

【目的】

1. 了解 DNA 的琼脂糖凝胶电泳检测的原理。
2. 掌握 DNA 的琼脂糖凝胶电泳检测的方法。

【原理】

DNA 是一种两性电解质,一般在 pH 8.0 左右的碱性环境下带负电荷,在电场作用下向正极移动。不同的 DNA 片段由于其分子量大小、所带电荷的多少及构型不同,在相同的电泳条件下(如凝胶浓度、电流、电压、缓冲液等)电泳时的泳动速度也不同,因而电泳后可以分出不同的区带,达到分离、鉴定和纯化的目的。一般来说,在同一浓度的琼脂糖凝胶中,分子量小的 DNA 分子比分子量大的 DNA 分子迁移快;带电荷多的 DNA 分子比带电荷少的迁移快;超螺旋 DNA 分子迁移率比线性 DNA 分子快,线性 DNA 分子比开环 DNA 分子快。

电泳所使用的凝胶主要是聚丙烯酰胺凝胶及琼脂糖凝胶两种。两种凝胶都具有分子筛的作用,分辨率很高,在测定制备的 DNA 纯度、分子量或 DNA 酶切后片段的分离、回收以及 DNA 的核苷酸序列分析等方面,都能获得满意的结果,所以应用十分广泛。聚丙烯酰胺凝胶电泳的原理及应用已在实验十七中介绍,本实验主要介绍琼脂糖凝胶电泳。

凝胶根据需要可配制成各种浓度,进行不同目的的电泳。不同浓度的琼脂糖凝胶,可以分离 DNA 片段大小的范围参数如下表。

琼脂糖浓度(%)	长链 DNA 分子有效分离范围(kb)
0.3	60 ~ 5
0.6	20 ~ 1
0.7	10 ~ 0.8
0.9	7 ~ 0.5
1.2	6 ~ 0.4
1.5	4 ~ 0.2
2.0	3 ~ 0.1

核酸凝胶电泳结果的检测方法有溴化乙啶染色、银染色及同位素放射自

显影等。其中溴化乙啶染色法较为普遍。溴化乙啶（ethidium bromide，EB）是一种荧光剂，由于溴化乙啶分子插入在 DNA 双螺旋结构的两个碱基之间后能形成一种在紫外线激发下发出很强橙红色荧光的络合物，所以十分容易观察。检测的灵敏度非常高，1 μg/ml 的溴化乙啶溶液可检出 10 ng 或更少的 DNA 样品。

用琼脂糖凝胶电泳法测定 DNA 片段的分子量，是在同一块凝胶板上样品槽中加待测样品，另一槽中加一个标准分子量样品同时进行电泳。然后用溴化乙啶染色，在紫外灯下比较样品与标准品的位置，即可估计出待测样品的分子量大小范围。鉴定不同大小的 DNA 分子应选择各自相应的分子量标准品（或称 DNA marker），如鉴定从组织中提取的 DNA 分子常选择的 DNA 分子量标准品有 pBR322 和 λDNA 的酶切片段。

【步骤】

1. 制凝胶模具的准备：将凝胶成形模具的两端用医用胶布或透明胶封好，水平放置，将选好的梳子放好，梳子底部应与模具之间留 1 mm 距离。

2. 琼脂糖凝胶及胶板的制备：根据样品 DNA 的大小选择凝胶浓度。本实验选用 0.8% 琼脂糖凝胶。称取 0.8 g 琼脂糖放入 250 ml 三角瓶中，加入 100 ml 0.5 × TBE 缓冲液，混匀后将三角瓶放在微波炉或水浴箱中加热，使琼脂糖充分溶解。然后在室温放置到约 60℃ 左右（接触手不很烫时），再加入溴化乙啶（10 mg/ml）5 μl，混匀后，立即将凝胶溶液倒入制胶板铺板（胶厚度约 0.5 cm）。室温下放置约 30 min 后，胶液全部凝固。取出梳子，揭去两端胶布，将模板连同凝胶一起放进电泳槽内，并向槽内加进 0.5 × TBE（以刚过胶面 0.5 cm 为宜）。

3. 加样：将待检测的 DNA 样品与溴酚蓝/蔗糖载样缓冲液以 5∶1 混合，用微量进样器吸取混合好的样品液，将加样器吸头穿过缓冲液到达凝胶中的样品孔内，轻轻推出样品，使样品落入孔底。注意动作要轻、慢，不要插破胶底。溴酚蓝作为电泳位置的指示剂，避免 DNA 片段泳出胶板。蔗糖可增加整个样品混合液的比重，防止扩散。

4. 电泳：电泳开始时用较高的电压，如 100 V（这样可以使样品很快进入胶内，以减少样品扩散）。等样品都进入到胶内之后，可将电压降低至所需的伏特数。如果仅仅为了检查 DNA 样品，整个电泳过程可以维持在 100 V 或 5 V/cm凝胶，这样可以较快得到实验结果。如果为了测 DNA 的分子量，则需将电压调低些。在低电压（1.5 V/cm 凝胶）时，$6 \times 10^6 \sim 10 \times 10^6$ 以下的 DNA 分子量的对数与相应的电泳速率之间大致呈线性关系。当 DNA 分子之间的分子量差异很大，特别在较高电压下电泳时，这种关系可能偏离线性。所以要根据所用凝胶的长度，选择所需的电压和电泳时间，以获得较好的分离效果。

5. 观察鉴定：电泳结束，关闭电源，取出凝胶板置于紫外检测仪中观察。有 DNA 存在的位置呈现橙红色荧光条带。如果测定 DNA 片段的分子量，将样品条带的位置与标准品的条带相比较即可。

【注意事项】

1. EB 是 DNA 诱变剂，配制和使用时要戴手套。EB 溶液的污染物不能直接倒入下水道及垃圾中，含有 EB 的凝胶应在干燥后烧毁。

2. 紫外检测仪下观察时注意关好样品室门，从观察窗口观察。

3. 电泳时最好凝胶电压不超过 5 V/cm。若电压过高分辨率会降低，只有在低电压时，线性 DNA 分子的电泳迁移率与所用电压成正比。特别在进行 DNA 分子量鉴定实验时更应注意电压问题。

【试剂】

1. 5×TBE 缓冲液：54 g Tris，27.5 g 硼酸，20 ml 0.5 mol/L EDTA（pH 8.0），定容至 1 000 ml，此为贮存液。使用时稀释 10 倍为 0.5×的工作液。

2. 6×载样缓冲液：0.25% 溴酚蓝，40%（W/V）蔗糖水溶液，4℃ 冰箱保存。

3. 10 mg/ml 溴化乙啶溶液：戴手套谨慎称取溴化乙啶（分子量 394.33）约 20 mg，放入棕色瓶中，加重蒸水 2 ml，溶解后置 4℃ 冰箱保存备用。使用时 100 ml 琼脂糖凝胶中加 5 μl 的 10 mg/ml 溴化乙啶溶液，终浓度为 0.5 μg/ml。

【附】溴化乙啶溶液的净化处理

1. 溴化乙啶浓溶液（浓度 >0.5 mg/ml）的净化处理

方法Ⅰ：用沙门-微粒体测定法表明，本方法可使溴化乙啶的诱变活性降低至原来的 1/200 左右。

（1）加足量的水使溴化乙啶的浓度降低至 0.5 mg/ml 以下。

（2）在所得溶液中加入 0.2 倍体积新配制的 5% 次磷酸和 0.12 体积新配制的 0.5 mol/L 亚硝酸钠，小心混匀。切记检测该溶液的 pH 值应 <3.0。

（3）室温 24 h 后，加入大大过量的 1 mol/L 碳酸氢钠。至此，该溶液可予丢弃。

方法Ⅱ：用沙门-微粒体测定法表明，本方法可使溴化乙啶的诱变活性降低至原来的 1/3 000 左右。

(1) 加足量的水使溴化乙啶的浓度降低至 0.5 mg/ml 以下。

(2) 加入 1 倍体积的 0.5 mol/L $KMnO_4$,小心混匀后再加 1 倍体积的 2.5 mol/L HCl。小心混匀,于室温放置数小时。

(3) 加入 1 倍体积的 2.5 mol/L NaOH,小心混匀后可丢弃该溶液。

2. 溴化乙啶稀溶液(如含有 0.5 μg/ml 溴化乙啶的电泳缓冲液)的净化处理

方法Ⅰ:

(1) 100 ml 溶液中加入 2.9 g Amberlite XAD-16(这是一种非离子型多聚吸附剂,可向 Rohm & Haas 公司购置)。

(2) 室温放置 12 h,不时摇动。

(3) Whatman 1 号滤纸过滤溶液,丢弃滤液。

(4) 塑料袋封装滤纸和 Amberlite 树脂,作为有害废弃物予以丢弃。

方法Ⅱ:

(1) 100 ml 溶液中加入 100 mg 粉状活性炭。

(2) 室温放置 1 h,不时摇动。

(3) 用 Whatman 1 号滤纸过滤溶液,丢弃滤液。

(4) 用塑料袋封装滤纸和 Amberlite 树脂,作为有害废弃物予以丢弃。

【器材】

1. 微波炉或沸水浴。
2. 电泳仪、微型水平电泳槽。
3. 紫外检测仪。
4. 锥形瓶。
5. 可调式微量加样器。

【思考题】

1. 简要说明 DNA 的琼脂糖凝胶电泳鉴定的原理。
2. 载样缓冲液在电泳过程中的作用如何?
3. 为了得到较好的分离效果,应从哪些方面着手?

实验二十六 肝细胞核的分离提纯,细胞核 DNA 的提取及核酸的提取、水解与鉴定

【目的】

1. 了解细胞核分离、提纯与鉴定。

2. 了解细胞核 DNA 的提取。

【原理】

（一）细胞核的分离与提取

为研究细胞核及其组分（如染色质、DNA、胞核酶等）需分离制备细胞核。对于所分离的细胞核，要求保持形态上的完整性，核内成分不渗漏，并且有较高的获得率。常用的方法是高密度介质的分离方法。

在柠檬酸介质中分离细胞核可以有效地除去附着于细胞核膜上的细胞质成分。由于柠檬酸降低了溶液的 pH 值，可以减少细胞核的破碎率，从而减少核内成分对细胞质的污染，并提高细胞核的获得率。柠檬酸还能抑制脱氧核糖核酸酶而维持染色质中 DNA 的正常。将此种细胞核保存在含有少量 Ca^{2+} 的等渗蔗糖溶液（0.25 mol/L）中，既可以保持细胞核正常的形态结构，又可防止细胞核的凝集现象，使细胞核分散于介质之中。

用均一的低浓度介质离心分离胞核，则凡是近于或大于细胞核的颗粒或结构（如细胞膜碎片、未破碎的完整细胞等）皆易随细胞核一起很快沉下来，得到的仅是细胞核的粗制品。如果让细胞核在离心沉淀时，通过 0.88 mol/L 或更高浓度（通常可高至 2.2 mol/L）的高渗蔗糖溶液，进行梯度离心，并适当调整离心速度，可使细胞核单独通过高渗介质沉淀到管底，从而与其他有形成分分开。再经洗涤，就可得到较纯净的细胞核制剂。

（二）DNA 的提取

制备 DNA 的原则是既要将蛋白质、脂类、糖类等物质分离出去，同时又要保持 DNA 分子的完整性。在提取 DNA 的反应体系中，SDS 可将细胞膜、核膜破坏，并将组蛋白从 DNA 分子上拉开，使核蛋白上的核酸游离。EDTA 可抑制细胞内 DNA 酶的活性。蛋白酶 K 可将所有蛋白质降解成小分子肽或氨基酸。样品在上述反应体系中经保温处理后，再经酚-氯仿抽提，可进一步使蛋白与核酸分开。再用乙醇沉淀，可使得 DNA 分子尽量完整地分离出来。从各种细胞样品中制备 DNA 的步骤稍有不同。本实验采用从细胞核中制备 DNA 的方法。

（三）核酸的提取、水解与鉴定

胞质及胞核中的 RNA 和 DNA 大部分与蛋白质结合形成核蛋白。核蛋白可被三氯醋酸沉淀，再用乙醇乙醚去除附着于沉淀上的脂类物质。然后，加入10% 硫酸并煮沸，以得到核酸的水解产物。RNA 与 DNA 被水解产生磷酸、有机碱（嘌呤与嘧啶）和戊糖（RNA 为核糖、DNA 为脱氧核糖），可分别鉴定之。

1. 磷酸能与钼酸铵作用生成磷钼酸，后者在还原剂氨基萘酚磺酸作用下形成蓝色的钼蓝。

2. 含羟基的嘌呤碱能与硝酸银作用生成灰白色絮状嘌呤银盐。

3. 核糖与浓盐酸或浓硫酸作用生成糠醛,后者与3,5-二羟甲苯(地衣酚)缩合而成绿色化合物。

4. 脱氧核糖在浓酸中生成ω-羟基-γ-酮基戊醛,它和二苯胺作用生成蓝色化合物。

【操作】

(一) 肝细胞核的分离、提取与鉴定

1. 匀浆制备:称取肝脏20 g,用生理盐水洗净,剪碎,置匀浆机内,加入1.5%柠檬酸液80 ml,匀浆1~2 min,再加入1.5%柠檬酸液40 ml,混匀。

2. 取肝匀浆5 ml,置离心管内,2 500 r/min离心10 min。小心取出上清液移入另一支离心管内,沉淀留用。上清液再次离心,上清液留用,此为细胞质,沉淀弃之。

3. 在上述沉淀中加入1.5%柠檬酸液4 ml,搅匀,2 500 r/min离心10 min。小心除去上清液。往沉淀中加入0.25 mol/L蔗糖柠檬酸液0.5 ml,搅匀(此乃粗制的细胞核悬液)。

4. 另取小试管1支,加入0.88 mol/L蔗糖柠檬酸液4.5 ml,小心加入细胞核悬液0.5 ml(用滴管),使其呈界面。1 000 r/min离心10~15 min。小心除去上清液(此步骤为梯度离心)。

5. 向上步得到的沉淀中加入Tris-HCl-NaCl缓冲液3.0 ml,搅匀,2 000 r/min离心10 min。小心吸去上清液,再重复一次。倾去上清液后,试管倒立于滤纸上,尽量吸干液体,此为细胞核沉淀,留用。

6. 形态鉴定:分别制作肝匀浆、肝细胞核、肝细胞质涂片,涂片干燥(可40℃烘干)后滴加苏木精染色液染色2 min,清水漂洗后晾干或烘干。再滴加伊红染色液数滴染色2~3 min,清水漂洗后晾干或烘干。光学显微镜观察比较其形态和数量。染色红色为细胞膜和细胞质,染色蓝色为细胞核。

(二) 肝细胞核DNA的提取与鉴定

1. 向细胞核沉淀物加入裂解液400 μl,搅匀,放于沸水浴中10 min。取出,冷却后,移入Ep管。

2. 加入醋酸钾75 μl,混匀,室温静置10 min。

3. 加入氯仿500 μl,混匀,12 000 r/min离心5 min,小心取出上清液入另一Ep管。

4. 再加氯仿 500 μl,混匀,12 000 r/min 离心 5 min,小心取出上清液入另一 Ep 管。

5. 加入冷的无水乙醇 1 000 μl,静置 10 min, 12 000 r/min 离心 5 min,弃上清液。

6. 加入 70% 乙醇 1 000 μl, 10 000 r/min 离心 3 min,可重复一次。倒立于滤纸上,以沥干水分。

7. 加入 TE 缓冲液 200 μl,溶解沉淀,所得 DNA 溶液保存备用。

8. DNA 溶液定性定量:取 DNA 溶液 10 μl,以双蒸水稀释至 3 ml,于紫外分光光度计上测定 A_{260}和 A_{280},以判断其纯度和浓度。

【计算】

1. 计算 A_{260}/A_{280}比值:A_{260}/A_{280}比值在 1.8 左右,说明 DNA 已达到所要求的纯度;样品中含有蛋白质等杂质时,A_{260}/A_{280}比值会下降;而样品中仍存在 RNA 杂质时,A_{260}/A_{280}比值会上升。

2. 计算 DNA 浓度: DNA 浓度(μg/μl) $= \dfrac{A_{260} \times 50 \times \text{稀释倍数}}{1\,000}$。

3. 计算 DNA 总量: DNA 总量(μg) = DNA(μg/μl) × 体积(μl)。

(三) 核酸的提取、水解与鉴定

1. 在(一)第 5 步所得细胞核沉淀中加入 1.5% 柠檬酸溶液 3 ml,混匀,此为细胞核悬液;另取(一)第 2 步所得细胞质液 3 ml。每管分别加入 40% 三氯醋酸 1 ml,摇匀,静置 3 ~5 min。2 000 r/min 离心 5 min。

2. 小心去掉上清液,加入 3∶1 乙醇乙醚 2.5 ml,搅匀。2 000 r/min 离心 5 min,重复一次。小心弃去上清液后,将离心管倒立于滤纸上,沥干水分。

3. 加入 10% 硫酸 2.0 ml,搅匀。置沸水浴中 15 ~20 min,取出,冷却后,2 000 r/min离心 5 min。上清液留作鉴定用。

(1) 嘌呤的鉴定:取小试管 3 支,按下表操作。

(单位:滴)

管 号	细胞核水解液	细胞质水解液	5% 硫酸	浓氨水	5% $AgNO_3$
1	20	—	—	5	10
2	—	20	—	5	10
3	—	—	20	5	10

加入 $AgNO_3$ 后,观察各管有何变化。静置 15 min,再比较各管沉淀。

(2) 磷酸的鉴定:取小试管 3 支,按下表操作。

(单位:滴)

管　号	细胞核水解液	细胞质水解液	5% H_2SO_4	钼酸铵试剂	氨基萘酚磺酸
1	10	—	—	5	20
2	—	10	—	5	20
3	—	—	10	5	20

放置数分钟,观察各管内颜色有何不同。

(3) 核糖的鉴定:取小试管3支,按下表操作。

(单位:滴)

管　号	细胞核水解液	细胞质水解液	5% H_2SO_4	3,5-二羟甲苯
1	4	—	—	20
2	—	4	—	20
3	—	—	4	20

将各管放入沸水浴中10 min,取出,比较各管之颜色。

(4) 脱氧核糖的鉴定:取小试管3支,按下表操作。

(单位:滴)

管　号	细胞核水解液	细胞质水解液	5% H_2SO_4	二苯胺
1	20	—	—	30
2	—	20	—	30
3	—	—	20	30

将各管放入沸水浴中10 min,取出,比较各管之颜色。

【试剂】

1. 提取肝细胞核的试剂

(1) 0.9% NaCl, 1.5%柠檬酸液。

(2) 0.25 mol/L蔗糖-柠檬酸液(含3.3 mmol/L $CaCl_2$):蔗糖86 g,$CaCl_2$ 363 mg,用1.5%柠檬酸液配制,总量1 000 ml。

(3) 0.88 mol/L蔗糖-柠檬酸液:蔗糖306 g,$CaCl_2$ 363 mg,用1.5%柠檬酸液配制,总量1 000 ml。

(4) 0.05 mol/L Tris-HCl-0.15 NaCl溶液(pH7.5):取0.2 mol/L Tris-HCl 250 ml,加入NaCl 8.7 g,用蒸馏水稀释到1 000 ml。

2. 提取DNA的试剂

(1) 裂解液:含0.5% SDS、Tris-HCl(pH 8.0) 10 mmol/L、EDTA

10 mmol/L以及蛋白酶 K 100 μg/ml(临用前加入)。称取 SDS 0.5 g，先将 SDS 溶解后，加入 1.0 mol/L Tris－HCl 1.0 ml、0.5 mol/L EDTA 0.2 ml，双蒸水稀释至 100 ml。临用前加入蛋白酶 K 100 μg/ml。

(2) 3 mol/L 醋酸钾、氯仿、无水乙醇、70% 乙醇。

(3) TE 缓冲液：含 10 mmol/L Tris－HCl、1.0 mmol/L EDTA。配制 1.0 mol/L Tris－HCl(pH 7.4)及 0.5 mol/L EDTA(pH 8.0)的储存液，临用时，取 1.0 mol/L Tris－HCl 1.0 ml 及 0.5 mol/L EDTA 0.2 ml，加双蒸水稀释至 100 ml。

3. 核酸的提取、水解与鉴定试剂

(1) 40% 三氯醋酸、3∶1 乙醇乙醚溶液、10% 硫酸、5% 硫酸、5% 硝酸银。

(2) 钼酸铵试剂：取 2.5 g 钼酸铵溶于 20 ml 水中，加入 5 mol/L H_2SO_4 30 ml(若为制备标准曲线时所用之钼酸铵试剂，应用 5 mol/L H_2SO_4 50 ml)，用水稀释至 100 ml。此试剂可在冷处保存 1 个月不变质。

(3) 氨基萘酚磺酸：商品氨基萘酚磺酸(1,2,4－aminonaphthol－sulfonicacid)为暗红色，可按以下步骤提纯：在 100 ml 热水(90℃)中溶解 15 g $NaHSO_3$ 及 1 g Na_2SO_3，加 1.5 g 氨基萘酚磺酸，搅匀使其大部分溶解(仅少量杂质不溶解)，趁热过滤，再迅速使滤液冷却。加 1 ml 浓盐酸(12 mol/L)，则有白色氨基萘酚磺酸沉淀析出。过滤并用水洗涤固体数次，再用乙醇洗涤，直至纯白色为止。最后用乙醚洗涤，并将固体放置在暗处，使乙醚挥发。将此提纯的氨基萘酚磺酸保存于棕色瓶中。

取 195 ml 的 15% $NaHSO_3$ 溶液，加入 0.5 g 提纯的氨基萘酚磺酸及 20% Na_2SO_3 溶液 5 ml，在热水浴中搅拌使固体溶解(如不能全部溶解，可再加 20% Na_2SO_3 数滴，但以 1.0 ml 为限度)，此为浓溶液。置冷处可存放 2～3 周。使用时，用蒸馏水稀释 10 倍。

(4) 二苯胺试剂：取 1 g 纯的二苯胺，加入 100 ml 重蒸馏冰醋酸，加入 2.75 ml 浓硫酸，置棕色瓶存放。此试剂需临时配制。

(5) 3,5－二羟甲苯试剂：取比重 1.19 的 HCl 100 ml，加入 $FeCl \cdot 36H_2O$ 100 mg 及 3,5－二羟甲苯 100 mg，混匀溶解后，置棕色瓶中。此试剂也需临用前配制。市售的 3,5－二羟甲苯，必须用苯重结晶一二次，并用活性炭脱色后方可使用。

4. 染色液：苏木精染色液、1% 伊红染色液。

【器材】

1. 组织捣碎机。

2. 低速离心机。
3. 离心管。
4. 玻棒及滴管。
5. 吸量管。
6. 试管及试管架。
7. 电热恒温水浴箱(沸水浴)。
8. 可调式微量加样器、吸头及 Eppendorf 管。
9. 台式高速离心机。
10. 紫外光栅分光光度计。

【思考题】

1. 如何在现有条件下获得更多更纯的细胞核 DNA?
2. 如何除去裂解物中的蛋白质?

第十二章　酶

实验二十七　脲酶米氏常数的测定

【目的】

1. 加深对米氏方程的理解和学习米氏常数的测定方法。
2. 了解米氏常数在酶动力学研究中的意义。

【原理】

当环境的温度、pH 值和酶浓度等条件恒定时，酶反应的初速度（V）随底物浓度$[S]$增高而加快，呈矩形双曲线关系。当底物浓度增大到一定程度时，酶促反应初速度达到一极限，即最大速度（Vm）。米-曼（Michaelis - Menten）根据底物浓度与酶促反应初速度的这种关系推导出如下关系式，称为米-曼方程式。

$$v = \frac{Vm[S]}{Km + [S]} \quad 或 \quad Km = [S]\left(\frac{Vm}{v} - 1\right)$$

当 $v = 1/2Vm$ 时，$Km = [S]$。

式中，Km 称为米氏常数。Km 是反应速度等于最大速度的一半（$v = 1/2Vm$）时的底物浓度。Km 是酶的特征性常数，测定 Km 是研究酶的一种重要方法。

脲酶能特异性地促使脲水解而释放出氨和二氧化碳。氨和二氧化碳进一步生成碳酸铵，后者在碱性环境中能与纳氏（Nessler）试剂作用生成橙黄色的碘化双汞铵。在一定范围内，呈色深浅与碳酸铵含量成正比，可通过测定氨的释放速度得知酶催化脲水解的速度。主要反应过程如图 12 - 1。

Km 值的求法以双倒数作图法（Limeweaver - Burk 作图法）最为常用，现简介如下。

由：$v = \dfrac{Vm[S]}{Km + [S]}$

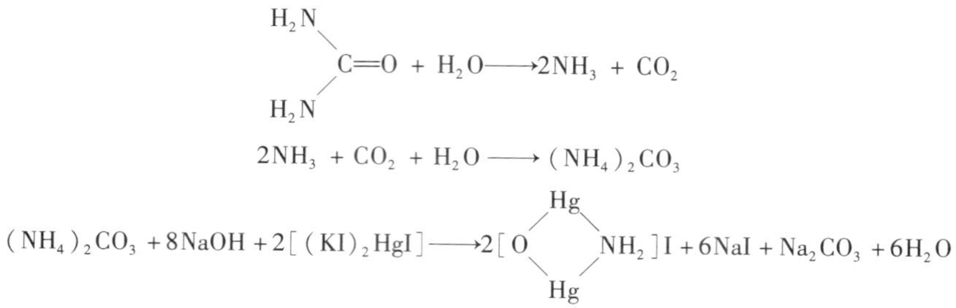

图 12-1 脲水解反应过程

得：$\frac{1}{v}=\frac{Km}{Vm}\cdot\frac{1}{[S]}+\frac{1}{Vm}$

以 $\frac{1}{v}$ 对 $\frac{1}{[S]}$ 作图得一直线，令 $\frac{1}{v}=0$，则横轴截距 $\frac{1}{[S]}=-\frac{1}{Km}$，$Km=-[S]$，本实验用此法求出脲酶的米氏常数。

【操作】

取中试管 6 支，编号，按下表顺序操作。

（单位：ml）

试 剂	管		号			
	1	2	3	4	空白	标准
1/15 mol/L 磷酸缓冲液(pH6.8)	0.40	0.40	0.40	0.40	0.40	—
0.05 mol/L EDTA. Na_2 溶液(pH6.8)	0.10	0.10	0.10	0.10	0.10	—
0.25 mol/L 脲溶液(pH6.8)	0.05	0.10	0.20	0.40	—	—
蒸馏水	0.35	0.30	0.20	—	—	—
30℃保温 3 min						
脲酶溶液	0.10	0.10	0.10	0.10	—	—
立即摇匀，30℃准确保温 10 min						
标准硫酸铵(0.07 mgN/ml)	—	—	—	—	—	0.5
蒸馏水	8.5	8.5	8.5	8.5	9.0	9.0
纳氏试剂	1.0	1.0	1.0	1.0	1.0	1.0
混匀，空白管调零点，在 450 nm 波长处测定各管吸光度						
A_{450}						
$[S]$						
v						
$1/[S]$						
$1/v$						

【注意事项】

1. 本实验为酶的定量试验，因此反应条件（温度、pH 值、酶和底物浓度等）必须严格掌握。吸取试剂时必须准确。

2. 本实验限定于测定酶促反应的初速度，要求各管的反应时间应严格控制在 10 min。

3. 加蒸馏水和纳氏试剂要迅速、准确，并立即混匀。

4. 加底物和酶溶液时，吸量管尖的外部用滤纸擦净，否则容易出现误差。

5. v 值算式中 0.001 25 的来源：由脲的水解可知，1 mol 脲水解生成 2 mol NH_3→(2 × 14 000 mgN)。标准管中加入 0.07 mgN/ml 硫酸铵溶液 0.5 ml，实际加入 0.035 mgN 相当于 0.001 25 mmol 脲被彻底水解时释放的 NH_3 的 N 含量。

【计算】

计算各管的底物浓度[S]和反应速度 v，并求它们的倒数。

① $[S](\text{mol/L}) = \dfrac{0.25\ \text{mol/L} \times \text{底物脲毫升数}}{\text{反应体系的总容量(ml)}}$

② $v(\text{mmol/min}) = \dfrac{\text{脲分解量}}{10\ \text{min}} = \dfrac{A_{\text{测}}}{A_{\text{标}}} \times 0.001\ 25 \times \dfrac{1}{10}$

以 $\dfrac{1}{[S]}$ 为横坐标，$\dfrac{1}{v}$ 为纵坐标作图，所得直线在横轴上的交点为 $-\dfrac{1}{Km}$，以此求得 Km 值（mol/L）。

【试剂】

1. 脲酶的提取：称取新鲜黄豆粉 2.0 g，置 100 ml 三角烧瓶中，加入 30% 乙醇 50 ml，振摇 15 min。置冰箱中放置过夜。多层纱布过滤，收集滤液备用。

2. 脲酶应用液的配制：取 3 支试管，每管加 0.1 ml 不同浓度的酶（用提取液分别稀释到原来浓度的 1/4、1/5、1/6），再按上表第 4 管数据操作。用波长 450 nm 测其吸光度，以吸光度为 0.4 ~ 0.6 所对应的酶浓度为脲酶应用浓度。

3. 1/15 mol/L 磷酸盐缓冲液（pH 6.8，无氨）：取 1/15 mol/L Na_2HPO_4 49.6 ml 和 1/15 mol/L NaH_2PO_4 50.4 ml，混合即成。

4. 0.05 mol/L 乙二胺四醋酸二钠（EDTA · Na_2）溶液（pH 6.8，无氨）：称取 EDTA · Na_2 1.86 g，加水约 50 ml，用 0.4 mol/L NaOH 调 pH 至 6.8，加水至 100 ml，再加置换砂少许去氨，使用前用滤纸过滤。

5. 标准硫酸铵贮存液（2 mgN/ml）：准确称取干燥硫酸铵 943.32 mg，以蒸馏水溶解后稀释至 100 ml。

6. 标准硫酸铵应用液(0.07 mgN/ml):取标准硫酸铵贮存液(2 mgN/ml) 3.5 ml 用蒸馏水稀释至 100 ml。

7. 0.25 mol/L 脲溶液(pH6.8,无氨):称取脲 1.5 g,加水溶解至 100 ml,加置换砂少许去氨。使用前以滤纸过滤。

8. 纳氏试剂:

(1) 贮存液:称取碘化钾 150 g、碘 110 g、汞 150 g,置于 500 ml 锥形瓶中,加入 H_2O 100 ml,振荡 15 min,将锥形瓶放入冷水中继续振荡至棕红色的碘变成带绿色的碘化钾汞溶液为止。将上清液倾入 2 000 ml 量筒中,用蒸馏水洗涤锥形瓶内壁数次,将洗液一并倒入量筒中,加蒸馏水至 2 000 ml。

(2) 应用液:取贮存液 150 ml,加无碳酸钠的 2.5 mol/L NaOH 700 ml,加蒸馏水至 1 000 ml,混匀,静置数日,取上清液置有橡皮塞的棕色瓶中备用。此试剂的酸碱度,可取 1 mol/L HCl 20 ml 加酚酞指示剂 2 滴,再用此纳氏试剂滴定至终点。纳氏试剂最适消耗量应在 11.0~11.5 ml。低于 9.5 ml,则碱性太强,显色时易产生红色沉淀;高于 11.5 ml,则酸性太强,显色时颜色太浅。

(3) 无碳酸钠的 2.5 mol/l 氢氧化钠溶液:称取氢氧化钠 550 g 置于大烧瓶内,加入蒸馏水 500 ml,混匀,放置数日,取上清液(此为饱和氢氧化钠溶液)稀释 10 倍,用 1.0 mol/L 盐酸滴定,并计算出饱和氢氧化钠溶液的浓度,然后正确稀释至 2.5 mol/L。

【器材】

1. 试管及试管架。
2. 吸量管。
3. 电热恒温水浴箱(30℃)。
4. 721 型分光光度计。

【思考题】

1. 测定酶的 *Km* 值有何意义?
2. 影响酶促反应的因素有哪些? 本实验进行过程中应注意些什么?

实验二十八　细胞色素体系的作用及其抑制

【目的】

掌握细胞色素体系的作用及氰化物对细胞色素氧化酶的抑制作用。

【原理】

细胞色素体系包括多种细胞色素及细胞色素氧化酶,在化学结构上均为含铁卟啉的结合蛋白质，其中的铁能进行可逆的氧化还原反应，故细胞色素是生物氧化过程中重要的电子传递体系，也是黄酶与分子氧的桥梁。

心肌内含有细胞色素及细胞色素氧化酶。细胞色素氧化酶能使细胞色素氧化，氰化物则可与细胞色素氧化酶辅基中铁原子的一个空位结合，使其不能传递电子而被抑制，此即为氰化物中毒的机制。

在生物体外及有氧的条件下，细胞色素及细胞色素氧化酶能使对苯二胺较快的氧化生成暗紫色的对苯二亚胺，故可借此颜色变化来观察细胞色素体系的作用。

【操作】

1. 取新鲜大鼠心脏 1 个，剪开，用生理盐水冲洗残血。立即放入研钵剪碎、充分研磨，加 0.1 mol/L PBS(pH7.4)9 ml 混匀，即制备成心肌匀浆。

2. 取小试管 3 支，按下表操作。

（单位：滴）

管　号	心肌匀浆	0.5% KCN	H_2O	1% 对苯二胺	实验现象
1	10	—	10	10	
2	10	10	—	10	
3	—	—	20	10	

3. 混匀各管，室温放置（置 37℃ 水浴可加速反应进行），注意观察颜色变化，将观察到的现象记录于上表中，并解释发生的现象。

【注意事项】

1. 从处死大鼠到制备好匀浆液，动作一定要快，以免酶失活。

2. KCN 有剧毒，用时小心，避免皮肤直接接触，用后立即洗手。

【试剂】

1. 0.1 mol/L 磷酸盐缓冲液（PBS，pH7.4）：取 0.2 mol/L Na_2HPO_4 81 ml 及 0.2 mol/L NaH_2PO_4 19 ml，加蒸馏水至 200 ml。

2. 0.5% KCN 溶液。

3. 1% 对苯二胺溶液，临用前配制。

【器材】

1. 镊子、剪刀、方盘、研钵。

2. 试管及试管架。

3. 吸量管及滴管。

4. 电热恒温水浴箱（37℃）。

【思考题】

1. 细胞色素体系有何作用?你如何证实?
2. 做好本实验的关键是什么?

实验二十九　乳酸脱氢酶及其辅酶的作用

【目的】

1. 掌握乳酸脱氢酶及其辅酶的作用。
2. 了解粗制乳酸脱氢酶酶蛋白及其辅酶的提取方法。

【原理】

乳酸脱氢酶是一种结合蛋白酶,辅酶是 NAD^+。它可催化乳酸脱氢生成丙酮酸的可逆反应。在体内,NAD^+ 接受的氢经氧化呼吸链传递给氧,生成水。

本实验中,用甲烯蓝取代呼吸链中 CoQ 的位置,还原型辅酶 I 所带的氢传递给黄酶,生成还原型黄酶,后者将氢传给甲烯蓝,而甲烯蓝因接受了氢而被还原成甲烯白。为防止生成的甲烯白再被空气中的氧氧化变回甲烯蓝,实验中加入石蜡油以隔绝空气。其反应过程见图 12－2。

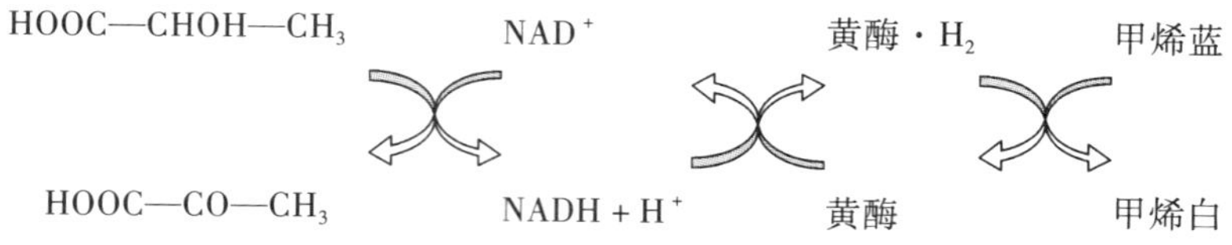

图 12－2　甲烯蓝被还原为甲烯白的反应过程

为了使反应向乳酸脱氢的方向进行,实验中加入 KCN 以固定生成的丙酮酸。

【操作】

1. 制备匀浆:称取新鲜猪心肌 5 g,置研钵中剪碎,磨细,加入 0.1 mol/L 磷酸盐缓冲液 15 ml,磨成匀浆,备用。

2. 乳酸脱氢酶酶蛋白的提取:量取心肌匀浆 5 ml,置试管中,加入活性炭 0.25 g,摇匀,静置 5 min 搅拌 1 次,30 min 后离心或过滤,取上清液备用。

3. NAD^+ 粗提液:取匀浆 5 ml,置试管中,沸水浴 3～5 min,冷却后离心或过滤,取上清液备用。

4. 观察乳酸脱氢酶及其辅酶的作用:取小试管 4 支,按下表操作。

（单位：ml）

试　剂	管　号			
	1	2	3	4
酶蛋白液	1.0	1.0	1.0	—
NAD^+提取液	—	1.0	1.0	1.0
0.5% KCN	0.5	0.5	0.5	0.5
5%乳酸钠	0.5	0.5	—	0.5
蒸馏水	1.0	—	0.5	1.0
0.02%甲烯蓝	0.5	0.5	0.5	0.5
混匀各管。每管沿管壁加入液状石蜡10滴，静置。注意观察记录各管褪色先后及褪色程度，并解释结果				
实验现象				

【注意】

1. KCN有剧毒，取用时需小心，用后洗手。
2. 实验完毕，将试剂倒入规定的容器内。

【试剂】

1. 0.1 mol/L pH 7.4磷酸盐缓冲液：取0.2 mol/L Na_2HPO_4 81 ml及0.2 mol/L NaH_2PO_4 19 ml，加蒸馏水至200 ml。
2. 活性炭。
3. 0.5% KCN（剧毒，使用时，向老师索取，用后交回）。
4. 5%乳酸钠。
5. 0.02%甲烯蓝。
6. 液状石蜡。

【器材】

1. 试管及试管架。
2. 吸量管。
3. 电热恒温水浴箱（100℃）。
4. 研钵。

【思考题】

对于结合蛋白酶类，酶蛋白和辅酶（辅基）在酶促反应中的作用各是什么？

实验三十　酶的竞争性抑制作用

【目的】

通过实验加深对酶的竞争性抑制作用的了解。

【原理】

在化学结构上与底物类似的抑制剂,能与底物竞争和酶分子的活性中心结合,抑制酶的活性。抑制的程度随抑制剂与底物两者浓度的对比而定。如果底物浓度不变,酶活性的抑制程度随抑制剂的浓度增加而增强。反之,如果抑制剂浓度不变,则酶活性随底物浓度的增加而逐渐恢复,这种类型的抑制为竞争性抑制。

本实验观察丙二酸对琥珀酸脱氢酶活性的影响。琥珀酸脱氢酶的活性在隔绝空气的条件下,可从加入的甲烯蓝褪色情况来观察。其反应过程见图 12-3。

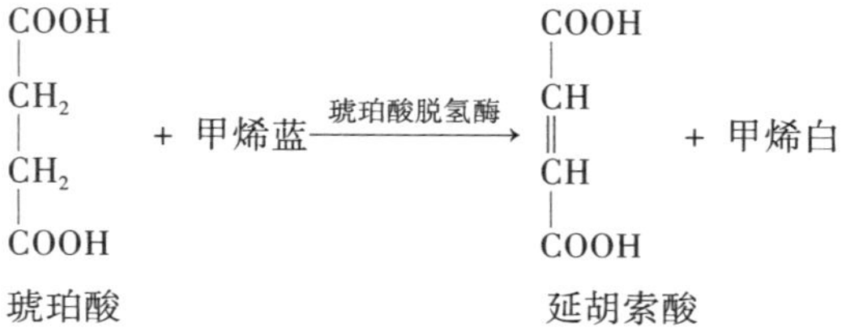

图 12-3　琥珀酸脱氢酶活性变化的反应过程

【操作】

1. 心肌匀浆的制备:取动物(鼠、猪等)心肌 1 g,置研钵中剪碎,研磨成匀浆,再加入 0.1 mol/L 磷酸盐缓冲液 10 ml,混匀,备用。

2. 取小试管 5 支并编号,按下表操作。

(单位:滴)

试　剂	管号				
	1	2	3	4	5
心肌匀浆	15	15	15	15	—
0.2 mol/L 琥珀酸	5	5	5	—	—
0.02 mol/L 琥珀酸	—	—	—	5	5
0.2 mol/L 丙二酸	—	5	—	5	—
0.02 mol/L 丙二酸	—	—	5	—	—
蒸馏水	5	—	—	—	20
甲烯蓝	2	2	2	2	2
石蜡油	5	5	5	5	5
加入液状石蜡后,室温放置。注意观察各管甲烯蓝褪色情况,并记录和解释结果					
甲烯蓝褪色情况					

【试剂】

1. 0.2 mol/L 琥珀酸：称取琥珀酸 23.618 g，用蒸馏水配成约 600 ml，用 5 mol/L NaOH 调 pH 至 7.4，再加水至 1 000 ml。

2. 0.02 mol/L 琥珀酸：用 0.2 mol/L 琥珀酸配制。

3. 0.2 mol/L 丙二酸：称取丙二酸 22.92 g，用蒸馏水配成约 600 ml，用 5 mol/L NaOH 调 pH 至 7.4，再加蒸馏水至 1 000 ml。

4. 0.02 mol/L 丙二酸：用 0.2 mol/L 丙二酸配制。

5. 0.1 mol/L 磷酸盐缓冲液（pH 7.4）：取 0.2 mol/L Na_2HPO_4 81 ml 及 0.2 mol/L NaH_2PO_4 19 ml，加蒸馏水至 200 ml。

6. 0.02% 甲烯蓝。

7. 液状石蜡。

【器材】

1. 试管及试管架。

2. 吸量管及滴管。

3. 研钵。

【思考题】

1. 在竞争性抑制中，改变底物或抑制剂的浓度，对酶的活性有何影响？

2. 酶的抑制剂与变性剂有何区别？

第十三章 新 陈 代 谢

血糖浓度是反映体内糖代谢情况的重要血液生化指标。血糖测定方法很多,常用的方法有葡萄糖氧化酶-过氧化物酶法、福林-吴宪(Folin - Wu)法、超微量还原铁氰化钾法和邻甲苯胺法。这里介绍邻甲苯胺法和葡萄糖氧化酶-过氧化物酶法。

实验三十一 血糖测定(一):邻甲苯胺法

【目的】

1. 掌握血糖浓度测定方法(邻甲苯胺法)。
2. 了解血糖测定的意义。

【原理】

葡萄糖为含醛基已糖,在热的醋酸溶液中脱水生成 5 -羟甲基- 2 -呋喃甲醛(羟甲基糠醛),进而与邻甲苯胺缩合,生成蓝绿色的醛亚胺(Schiff 氏碱),在 630 nm 处有最大吸收峰,光吸收值与样品中葡萄糖含量成正比。

由于邻甲苯胺只与醛糖作用而显色,故此种测定方法不受血液中其他还原物质的干扰,测定时也无须去除血浆或血清中的蛋白质。

用此法测定时,血清或血浆中葡萄糖的正常值为 3. 89 ~6. 11 mmol/L。

【操作】

取干燥中试管 3 支,按下表操作。

(单位:ml)

试 剂	标准管	测定管	空白管
葡萄糖标准液(1 mg/ml)	0. 1	—	—
血清	—	0. 1	—
蒸馏水	—	—	0. 1
邻甲苯胺试剂	5. 0	5. 0	5. 0

续　表

试　剂	标准管	测定管	空白管
混匀后，置沸水浴中保温 15 min，取出冷却。于波长 630 nm 处测各管吸光度值			
A_{630}			

【计算】

$$血糖浓度(BS)=\frac{A_{测}}{A_{标}}\times 0.1\times\frac{1}{0.1}\times\frac{1\,000}{180}(mmol/L)$$

【试剂】

1. 邻甲苯胺试剂：冰醋酸 883.2 ml，硫脲 1.5 g，邻甲苯胺 76.8 ml。硫脲在冰醋酸中溶解后加邻甲苯胺混合，再加饱和硼酸溶液 40 ml。充分混匀，放入棕色瓶内，一般可贮存数月。

2. 饱和硼酸溶液：称取硼酸 6 g 溶于 100 ml 蒸馏水中，放置一夜，过滤即可使用。

3. 葡萄糖标准液

(1) 贮存液(10.0 mg/ml)：称取 1.0 g 葡萄糖溶于 100 ml 蒸馏水中。

(2) 应用液(1.0 mg/ml)：量取贮存液 10.0 ml，移入 100 ml 量瓶内，加水至刻度。

【器材】

1. 试管及试管架。
2. 吸量管。
3. 电热恒温水浴箱(100℃)。
4. 721 型分光光度计。

【思考题】

1. 测定血糖浓度的目的是什么？
2. 血糖的来源和去路主要有哪些？

实验三十二　血糖测定(二)：葡萄糖氧化酶-过氧化物酶法

【目的】

1. 掌握血糖浓度测定方法(过氧化物酶法)。
2. 了解血糖测定的意义。

【原理】

葡萄糖氧化酶(glucose oxidase, GOD)利用氧和水将葡萄糖氧化为葡萄糖酸,并释放过氧化氢。过氧化物酶(peroxidase, POD)在还原性氧受体存在时可将过氧化氢分解为水和氧,使还原性氧受体4-氨基安替比林和酚去氢缩合为红色醌类化合物,即Trinder反应。红色醌类化合物的生成量与葡萄糖含量成正比,在505 nm波长处有最大吸收峰。

【操作】

取3支试管,按下表操作。

(单位:ml)

试　剂	空白管	标准管	测定管
血清	—	—	0.02
葡萄糖标准应用试剂	—	0.02	—
蒸馏水	0.02	—	—
酶酚混合试剂	3.0	3.0	3.0
混匀,置37℃水浴保温15 min。在波长505 nm处测定吸光度			
A_{505}			

【计算】

$$\text{血清葡萄糖(mmol/L)} = \frac{A_{测}}{A_{标}} \times 5$$

【注意事项】

1. 葡萄糖氧化酶对β-D葡萄糖高度特异,溶液中的葡萄糖约36%为α型,64%为β型。葡萄糖的完全氧化需要α型到β型的变旋反应。国外某些商品葡萄糖氧化酶试剂盒含有葡萄糖变旋酶,可加速这一反应。但在终点法中,延长孵育时间可达到完成自发变旋过程。新配制的葡萄糖标准试剂主要是α型,故须放置2 h以上(最好过夜),待变旋反应平衡后方可应用。

2. 葡萄糖氧化酶法可直接测定脑脊液葡萄糖含量,但不能直接测定尿液葡萄糖含量。因为尿液中尿酸等干扰物质浓度过高,可干扰过氧化物酶反应,造成结果假性偏低。

3. 测定标本以草酸钾-氟化钠为抗凝剂的血浆较好。取草酸钾6 g及氟化钠4 g,加水溶解至100 ml。吸取0.1 ml到试管内,在80℃以下烤干使用,可使2~3 ml血液在3~4 d内不凝固,并抑制糖分解。

4. 本法用血量甚微,操作中应直接加标本至试剂中,再吸试剂反复冲洗吸管，以保证结果可靠。

5. 严重黄疸、溶血及乳糜样血清应先制备无蛋白血滤液，然后再进行测定。

【试剂】

1. 0.1 mol/L 磷酸盐缓冲液（pH7.0）：称取无水磷酸氢二钠 8.67 g 及无水磷酸二氢钾 5.3 g，溶于蒸馏水 800 ml 中，用 1 mol/L 氢氧化钠（或 1 mol/L 盐酸）调 pH 至 7.0，用蒸馏水稀释至 1 L。

2. 酶试剂：取过氧化物酶 1 200 U、葡萄糖氧化酶 1 200 U、4-氨基安替比林 10 mg、叠氮钠 100 mg，溶于上述磷酸盐缓冲液 80 ml 中，用 1 mol/L NaOH 调 pH 至 7.0，用磷酸盐缓冲液稀释至 100 ml，在 4℃保存，可稳定 3 个月。

3. 酚溶液：称取重蒸馏酚 100 mg 溶于蒸馏水 10 ml 中，用棕色瓶贮存。

4. 酶酚混合试剂：酶试剂及酚溶液等量混合，4℃可以存放 1 个月。

5. 12 mmol/L 苯甲酸溶液：溶解苯甲酸 1.4 g 于蒸馏水约 800 ml 中，加温助溶，冷却后加蒸馏水稀释至 1 L。

6. 100 mmol/L 葡萄糖标准贮存液：称取已干燥恒重的无水葡萄糖 1.802 g，溶于 12 mmol/L 苯甲酸溶液约 70 ml 中，以 12 mmol/L 苯甲酸溶液定容至 100 ml，2 h 以后方可使用。

7. 5 mmol/L 葡萄糖标准应用试剂：吸取葡萄糖标准贮存液 5.0 ml 放于 100 ml 容量瓶中，用 12 mmol/L 苯甲酸溶液稀释至刻度，混匀。

【器材】

1. 试管及试管架。
2. 吸量管。
3. 电热恒温水浴箱（37℃）。
4. 721 型分光光度计。

【思考题】

1. 过氧化物酶法与邻甲苯胺法测定血糖浓度各有什么特点？
2. 血糖水平异常主要与哪些疾病相关？

实验三十三　胰岛素、肾上腺素对血糖浓度的影响

【目的】

1. 观察胰岛素及肾上腺素对家兔血糖浓度的影响。
2. 掌握血糖浓度测定方法。

【原理】

激素是调节血糖浓度的重要因素,如胰岛素能降低血糖,肾上腺素能升高血糖。本实验给两只家兔分别注射胰岛素和肾上腺素,取注射前后的静脉血,测定糖的含量,从而了解胰岛素和肾上腺素对血糖浓度的影响。

【操作】

1. 取正常家兔两只,分别称重并记录之,各采血若干(根据需要而定)。

2. 注射激素:一只兔子注射肾上腺素,剂量为 0.1 ~ 0.2 mg/kg,皮下注射,注射后 30 min 取血。另一只兔子注射胰岛素,剂量为 0.75 U/kg,皮下注射,注射后 60 min 取血。

3. 分别测定各血样的含糖量(方法见血糖测定)。

【计算】

$$\text{血糖改变率}(\%) = \frac{\Delta BS}{\text{注射前 BS}} \times 100\%$$

式中,BS 为血糖;ΔBS = 注射后 BS - 注射前 BS。“+”值表示血糖升高,“-”值表示血糖降低。

【试剂】

1. 肾上腺素针剂(1 mg/ml)。
2. 胰岛素针剂。
3. 其他试剂与血糖测定相同。

【器材】

1. 注射器、磅秤、离心机及离心管。
2. 其他器材与血糖测定相同。

【思考题】

1. 胰岛素和肾上腺素对血糖各有怎样的影响?
2. 人体内还有哪些激素参与血糖水平的调节?

实验三十四　肝糖原的提取与鉴定

【目的】

了解糖原的提取及鉴定方法。

【原理】

肝脏和肌肉组织中的糖原含量最高,因此适用于作糖原的提取和鉴定。用三氯醋酸破坏肝组织中的酶和沉淀蛋白质而保留糖原。糖原不溶于乙醇而溶于热水，故先用95%乙醇将滤液中的糖原沉淀，再溶于热水。

糖原溶液呈乳样光泽，遇碘呈红棕色；本身无还原性，在酸性溶液中加热可水解为具有还原性的葡萄糖，后者可将班氏试剂中的二价铜还原为一价铜（氧化亚铜）。利用上述性质可判定组织中糖原的存在。

【操作】

1. 取小鼠1只，迅速处死，立即取出肝脏，用0.9% NaCl洗去血液并用滤纸吸去多余水分，称重。

2. 将肝组织迅速剪碎并放入盛有5%三氯醋酸2 ml的研钵内研磨至糜状，再加5%三氯醋酸至5 ml/g肝组织，混匀使其成匀浆，过滤。

3. 取滤液3 ml，加入95%乙醇3 ml，混匀，静置10 min，3 000 r/min离心5 min，弃上清液，白色沉淀即为糖原。

4. 加蒸馏水3 ml于上述沉淀管中，加热使沉淀溶解，可见乳样光泽。

5. 取糖原溶液2滴于白瓷凹盘内，加碘试剂1滴，观察其颜色。

6. 取糖原溶液2 ml，置另1试管，加入浓HCl 10滴，置沸水浴20 min，取出，冷却。用12.5 mol/L NaOH调pH值至中性。

7. 加班氏试剂1 ml于试管内，煮沸。加入糖原水解液8滴，轻摇混匀，再煮沸1～2 min，观察并记录结果。

【试剂】

1. 5%三氯醋酸。

2. 95%乙醇。

3. 0.9% NaCl。

4. 浓HCl。

5. 碘试剂：碘100 mg及KI 200 mg溶于30 ml蒸馏水。

6. 12.5 mol/L NaOH。

7. 班氏试剂：称取柠檬酸钠173 g及无水Na_2CO_3 100 g放入1 000 ml烧杯内，加水700 ml，加热溶解并以玻棒不断搅匀，冷至室温。另用200 ml锥形瓶，称取$CuSO_4 \cdot 5H_2O$ 17.3 g，加蒸馏水100 ml，加热溶解。将$CuSO_4$溶液缓慢倒入前液，混匀，倾入1 000 ml容量瓶内，加蒸馏水至刻度。若试剂有混浊，过滤后使用。

【器材】

1. 剪刀、镊子、研钵。

2. 漏斗、滤纸。

3. 离心机及离心管。

4. 试管及试管架、吸量管。
5. 电热恒温水浴箱。
6. 白瓷凹盘。

【思考题】

若分别用等量肝脏和肌肉提取并鉴定糖原,结果会有什么不同?

实验三十五 血清尿素氮的测定

【目的】

熟悉血清尿素氮测定的方法及临床意义。

【原理】

血清中的尿素与二乙酰单肟共热后,可生成一红色化合物,与同样处理的尿素标准液比色,可测算出血清中尿素氮的含量。血清中尿素氮的正常含量为3.2~7.1 mmol/L。

机体组织蛋白质不断地分解生成氨基酸,氨基酸进而分解成α-酮酸及氨,所产生的氨主要通过肝脏的作用合成尿素,经肾脏排出。当各种原因引起肾功能不全时(如肾炎、汞中毒以及循环衰竭等)均可使血清中的尿素氮含量增加;在肾衰竭尿毒症的病人,血清中尿素氮含量可显著增加。因此,血清尿素氮的测定,是了解肾功能的一项指标。

【操作】

取3支中试管,按下表操作。

(单位:ml)

试剂	空白管	标准管	样品管
蒸馏水	0.1		
尿素氮标准液		0.1	
血清			0.1
尿素氮试剂	4.0	4.0	4.0
混匀,置沸水浴中10 min,取出冷却后,在520 nm波长处测定吸光度值			
A_{520}			

【注意事项】

1. 此法灵敏度高,样品用量极少。
2. 此法操作简便,特异性较强,不受其他非蛋白质含氮化合物如尿酸、肌酸等影响。血浆蛋白在 5 ~ 11 g%、胆红素高至 171 μmol/L(10 mg%)以及血脂对本实验均无明显影响。

【计算】

$$血清中尿素氮的含量(mmol/L) = \frac{A_{样}}{A_{标}} \times 1$$

【试剂】

1. 尿素氮显色剂：

(1) 取浓硫酸 50 ml 及 85% 磷酸 50 ml 缓慢倒入 800 ml 蒸馏水中，冷至室温，加入 10% $FeCl_3 \cdot 6H_2O$ 溶液，再加蒸馏水至 1 000 ml。

(2) 取氨基硫脲 0.4 g 及二乙酰单肟 2.0 g，溶解后加蒸馏水至 1 000 ml。

将(1)、(2)液等量混合后，置冰箱保存。

2. 尿素氮标准贮存液(50 mmol/L)：精确称取干燥尿素 3.0 g，用蒸馏水溶解定容至 100 ml。

3. 尿素氮标准应用液(1 mmol/L)：取 2 ml 贮存液，加水至 100 ml。此溶液浓度为 1 mmol/L。

【器材】

1. 试管及试管架。

2. 吸量管。

3. 电热恒温水浴箱(100℃)。

4. 721 型分光光度计。

【思考题】

测定血清尿素氮的意义是什么？

实验三十六　氨基转换作用(纸层析)

【目的】

1. 掌握纸层析法的一般原理，了解基本操作。

2. 进一步理解转氨基作用及酶的特性，了解氨基酸的颜色反应。

【原理】

本实验用纸层析法来观察 α-酮戊二酸与丙氨酸在丙氨酸转氨酶(ALT；也称 GPT，谷丙转氨酶)催化下的转氨基作用。转氨基作用是氨基酸代谢中的一个重要反应。每种转氨基反应均由专一的氨基转移酶催化，氨基转移酶广泛分布于机体各组织器官。

纸层析属于分配层析，利用混合物中各组分在两相中分配系数不同达到分离目的。分配系数较小的物质移动较快，而分配系数较大的物质移动较慢。物质在纸上移动速率可以用相对迁移率（R_f）表示，即

$$R_f = \frac{\text{溶质扩展的距离（溶质色斑中心至点样点中心的距离）}}{\text{溶剂扩展的距离（溶剂前缘至点样点中心的距离）}}$$

物质在一定溶剂中的分配系数是一定的，故 R_f 值也是一定的，因此可以根据 R_f 值来鉴定被分离的物质。氨基酸对茚三酮反应呈蓝紫色（脯氨酸对茚三酮反应呈黄色）。

【操作】

1. 肝匀浆制备：取新鲜动物肝脏 1 g，在研钵中剪碎，加入冰冷的 0.01 mol/L 磷酸盐缓冲液（pH 7.4）9 ml，迅速研成匀浆。

2. 氨基转移反应：取干燥试管 2 支，分别标明测定管与对照管，按下表所列步骤进行。

（单位：ml）

试剂	测定管	对照管
肝匀浆	0.5	0.5
	置 37℃ 水浴保温 5 min	置沸水煮沸 5 min
0.1 mol/L 丙氨酸	0.5	0.5
0.1 mol/L α-酮戊二酸	0.5	0.5
充分摇匀后放进 37℃ 水浴保温 30 min		

3. 保温完毕，将测定管放入沸水浴中 5 min 以停止反应，取出冷却。将测定管和对照管分别过滤。

4. 层析：取直径 10 cm 圆形滤纸一张，用圆规作半径 1 cm 的同心圆，通过圆心作两条相互垂直的线（图 13-1A），在 1、3 两处分别点测定管和对照管上清液 2～3 滴。用毛细管在滤纸上点样，注意斑点不要太大（一般直径为 0.5～1 mm）。在 2、4 两处，分别加 0.1 mol/L 丙氨酸及 0.1 mol/L 谷氨酸 2～3 滴。

在滤纸圆心处打一小孔（如铅笔芯大小），另取同类滤纸约 1.5～2.0 cm^2，下一半剪成须状，卷成圆筒，如灯芯，插入小孔（勿使其突出滤纸面）。

将层析溶剂放入直径为 3～5 cm 的干燥表面皿中，表面皿置于直径 10 cm 培养皿正中，将滤纸平放在培养皿上，灯芯浸入溶剂中约 2/3 表面皿之量，将另一同样大小培养皿盖上（图 13-1B），可见溶剂沿灯芯上升到滤纸，再向四

周扩展。40～50 min 后，溶剂前缘距滤纸边缘约 1 cm 时即可取出，用铅笔描写溶剂走动的边缘，用吹风机吹干。

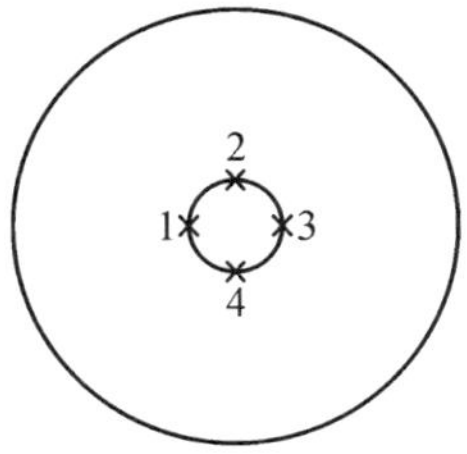

A. 层析滤纸与点样位置

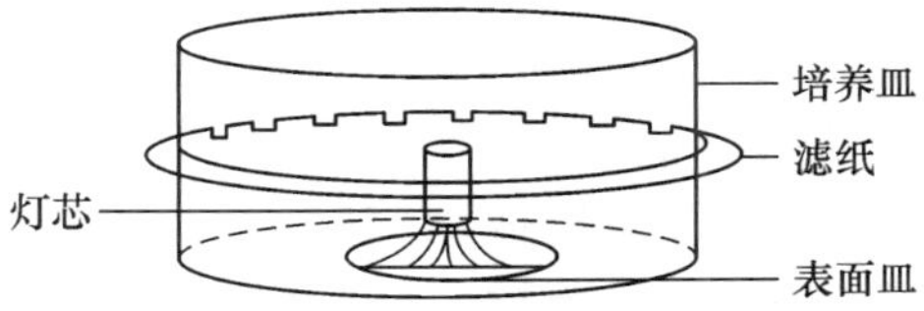

B. 纸层析示意图

图 13－1　氨基酸水平型纸层析

5. 显色：将上述滤纸平放于培养皿上，用喷雾器喷上 0.5% 茚三酮溶液，再用吹风机吹干，此时可见紫色斑，用铅笔线勾出色斑的轮廓，比较色斑的位置及色泽深浅。计算出样品的 R_f 值，并分析实验结果（表 13－1）。

表 13－1　实验结果记录表

结　　果	溶剂扩展距离	溶质扩展距离	相对迁移率（R_f）
丙氨酸斑点			
谷氨酸斑点			
测定管斑点 1			
测定管斑点 2			
对照管斑点 1			

【试剂】

1. 0.01 mol/L（pH 7.4）磷酸缓冲液：0.2 mol/L Na_2HPO_4 溶液 81 ml 与 0.2 mol/L NaH_2PO_4 19 ml 混匀，蒸馏水稀释至 2 000 ml。

2. 0.1 mol/L 丙氨酸溶液：称取丙氨酸 0.891 g，先溶于少量 0.01 mol/L（pH7.4）磷酸缓冲液中，以 1 mol/L NaOH 仔细调节 pH 至 7.4 后，用磷酸缓冲液加至 100 ml。

3. 0.1 mol/L α－酮戊二酸溶液：称取 α－酮戊二酸 1.461 g，先溶于少量 0.01 mol/L（pH7.4）磷酸缓冲液中，以 1 mol/L NaOH 仔细调节 pH 至 7.4 后，用磷酸缓冲液加至 100 ml。

4. 0.1 mol/L 谷氨酸溶液：称取谷氨酸 0.735 g，先溶于少量 0.01 mol/L（pH7.4）磷酸缓冲液中，以 1 mol/L NaOH 仔细调节 pH 至 7.4 后，用磷酸缓冲液加至 50 ml。

5. 0.5%茚三酮溶液:称取茚三酮 0.5 g 溶于 100 ml 丙酮中。

6. 层析溶液:酚:水 =80:20。

【器材】

1. 剪刀、镊子、研钵。

2. 试管及试管架、吸量管、漏斗、滤纸。

3. 圆规、直尺。

4. 培养皿、表面皿、毛细管。

5. 电吹风、喷雾器。

6. 电热恒温水浴箱(37℃,100℃)。

【思考题】

本实验可见几个斑点,为什么?

实验三十七 血清丙氨酸转氨酶活性的测定(赖氏法)

【目的】

1. 了解常见的血清丙氨酸转氨酶活性测定的方法。

2. 掌握血清丙氨酸转氨酶活性测定的临床意义。

【原理】

以丙氨酸和 α-酮戊二酸为底物,在血清丙氨酸转氨酶(ALT)的作用下,生成丙酮酸和谷氨酸,丙酮酸能与 2,4-二硝基苯肼结合,生成丙酮酸二硝基苯腙。后者在碱性溶液中呈现棕色,可借此比色测定。

α-酮戊二酸虽也能与 2,4-二硝基苯肼结合成相应的苯腙,但在反应过程中,α-酮戊二酸减少而丙酮酸增加,故在 520 nm 处吸光度增加之程度与反应体系中丙酮酸含量的增加呈线性关系。本实验采用赖氏法。

【操作】

1. 标准曲线绘制:取 6 支中试管,按下表操作。

(单位:ml)

试剂	管号					
	对照	1	2	3	4	5
丙酮酸标准液(2 μmol/ml)	0	0.05	0.10	0.15	0.20	0.25
底物溶液	0.50	0.45	0.40	0.35	0.30	0.25
0.1 mol/L 磷酸盐缓冲液(pH7.4)	0.1	0.1	0.1	0.1	0.1	0.1

续　表

试　剂	管		号			
	对照	1	2	3	4	5
混匀，置 37℃水浴中保温 3 min						
2,4-二硝基苯肼	0.5	0.5	0.5	0.5	0.5	0.5
混匀，置在 37℃水浴中放置 20 min						
0.4 mol/L NaOH	5.0	5.0	5.0	5.0	5.0	5.0
混匀，10 min 后从水浴箱中取出，于 520 nm 波长处测定吸光度值						
相当于转氨酶单位	0	28	57	97	150	200
A_{520}						

2. 酶活性测定：取 2 支中试管，按下表操作。

（单位：ml）

试　剂	对　照	测　定
血清	0.1	0.1
底物溶液	—	0.5
置 37℃水浴中保温 30 min		
2,4-二硝基苯肼	0.5	0.5
置 37℃水浴中保温 20 min		
底物溶液	0.5	—
0.4 mol/L NaOH	5.0	5.0
混匀，10 min 后从水浴箱中取出，于 520 nm 波长处测定吸光度值		
A_{520}		

【结果处理】

1. 以吸光度为纵坐标，各管相当的转氨酶单位为横坐标，绘制成标准曲线。

2. 由标准曲线查知待测血清的转氨酶活性单位。

【正常值】

赖氏（Reitmen）法正常值为 40 U 以下。

【附】赖氏法是用卡门法来定单位的。卡门法（Karman）是在分光光度计中用 1 ml 血清，反应溶液总量为 3 ml，在 340 nm 的波长下，用 1 cm 光径（比色杯内径），25℃，1 min 内所产生的丙酮酸使还原型辅酶Ⅰ（NADH）变成氧化型辅酶Ⅰ(NAD^+),而引起吸光度每下降0.001为1 U。赖氏法是用卡门法所测出的单位相当于用本法所生成的丙酮酸量的相关系数,套用卡门单位而来。

【试剂】

1. 0.1 mol/L磷酸盐缓冲液(pH 7.4):取0.2 mol/L Na_2HPO_4 81 ml及0.2 mol/L NaH_2PO_4 19 ml,加蒸馏水至200 ml。

2. 底物溶液:精确称取DL-丙氨酸1.79 g和α-酮戊二酸29.2 mg,先溶于0.1 mol/L磷酸盐缓冲液约50 ml中,然后以1 mol/L NaOH校正pH到7.4,再用0.1 mol/L磷酸盐缓冲液稀释到100 ml。充分混合,分装在小瓶中,冰冻保存。

3. 2,4-二硝基苯肼溶液:

(1) 贮存液:称取2,4-二硝基苯肼396 mg,溶于10 mol/L硫酸100 ml,棕色瓶中保存。

(2) 应用液:取贮存液10 ml,置200 ml容量瓶中,加蒸馏水至刻度。

4. 丙酮酸标准液(2 μmol/ml):精确称取纯丙酮酸钠22.0 mg,于100 ml容量瓶中,加0.1 mol/L磷酸盐缓冲液至刻度。临用前配制。

5. 0.4 mol/L NaOH溶液。

【器材】

1. 试管及试管架。
2. 吸量管。
3. 电热恒温水浴箱(37℃,100℃)。
4. 721型分光光度计。

【思考题】

测血清丙氨酸转氨酶活性有何临床意义?

第四篇

基础分子生物学实验

实验三十八　质粒DNA的微量快速提取及纯化

【目的】

1. 了解质粒(plasmid)DNA微量快速提取的原理。

2. 掌握质粒DNA的微量快速提取、纯化及鉴定方法。

【原理】

质粒是存在于多种细菌染色体之外的能进行自主复制和遗传的染色体外的遗传因子,为共价闭合环状双链DNA分子,大小为1~200 kb,常用作基因工程的载体。

作为载体的质粒必须具备下述特点:①具有明显的选择标记(如酶活性、抗药性等);②具有核酸限制性内切酶的单切点,并且这个切点位于质粒的非复制必需片段或产生标记的基因片段中,使其在接入外源基因后仍具有生物活性,并能与原质粒相区别;③为防止重组质粒对环境的污染,这种质粒必须是非接合质粒,即其在自然条件下不能从一个细胞转移到另外的细胞。

从大肠杆菌中提取质粒DNA的方法基于两点:①染色体DNA远大于质粒DNA;②抽提后染色体DNA被破碎为线型分子,而质粒DNA依然保持封闭环状。因此一般的步骤是在溶胞后将染色体DNA变性,使其与细胞碎片一同沉淀,然后再利用质粒为封闭环状等特点进一步抽提。

本实验用碱裂解法分离与纯化质粒DNA是基于染色体DNA与质粒DNA的变性与复性的差异而达到分离的目的。在pH值高达12.6的碱性条件下,染色体DNA的氢键断裂,双螺旋结构解开而变性。质粒DNA的大部分氢键也断裂,但超螺旋共价闭合环状结构的两条互补链不会完全分离,当以pH4.8的醋酸钾高盐缓冲液调节其pH至中性时,变性的质粒DNA又恢复到原来的构型,保存在溶液中。而染色体DNA不能复性而形成网状结构,通过离心,染色体DNA与不稳定的大分子RNA、蛋白质-SDS复合物等一起沉淀下来而被除去。

【操作】

1. 培养细菌扩增质粒:取单个转化子菌落接种到5 ml含氨苄西林(50 μg/ml)、四环素(15 μg/ml)的LB液体培养基中,37℃摇床培养12~14 h。

2. 收集菌体及裂解细菌

(1) 取1.5 ml培养液置Eppendorf管内,8 000 r/min离心1 min,弃去上清液,保留菌体沉淀,使细菌沉淀尽可能干一些。如菌量不足可再加培养液,重复离心,收集菌体。

(2) 将菌体沉淀悬浮于100 μl预冷的溶液Ⅰ中,强烈振荡混匀。室温下放置5 min。

(3) 加入200 μl新鲜配制的预冷溶液Ⅱ,盖严管盖迅速颠倒离心管5～7次,以混合内容物,不要强烈振荡,放置冰上5 min左右(根据不同菌株,可适当缩短)。

3. 分离纯化质粒DNA

(1) 加入150 μl溶液Ⅲ,可以将管盖朝下温和振荡10 s,冰上放置10～15 min。

(2) 4℃或室温下10 000 r/min离心10 min,取上清液移至另一个新的1.5 ml Ep管中。

(3) 加入等体积酚/氯仿(1:1),振荡混匀,4℃或室温下10 000 r/min离心5 min,取上清液移至另一只1.5 ml Ep管中。

(4) 加入两倍体积无水乙醇,振荡混匀,室温下放置10 min(不要在-20℃沉淀,否则有较多的盐析出)。

(5) 4℃或室温下10 000 r/min离心5 min。

(6) 弃上清液,加入1 ml的70%乙醇振荡漂洗沉淀,4℃或室温下10 000 r/min离心2 min。

(7) 弃上清液,用消毒的滤纸小条小心吸净管壁上的乙醇水珠,将Ep管倒置放在滤纸上,室温下蒸发乙醇10～15 min,或真空抽干乙醇2 min(不要太干,否则DNA不易溶解)。

(8) 沉淀溶于10～50 μl TE缓冲液(pH 8.0)后,加入1 μl无DNA酶的RNA酶(10 mg/ml),37℃水浴15 min,以除去样品中混杂的RNA。DNA溶液即可进行限制性内切酶酶切实验或-20℃贮存备用。

4. 质粒DNA的鉴定

(1) 取5～10 μl溶解的DNA,加样品载样缓冲液,琼脂糖凝胶平板电泳,在紫外灯下观察橘红色DNA带(参见实验二十五)。

(2) 取5 μl DNA溶液,以双蒸水稀释至3 ml,于紫外分光光度计上测定A_{260}和A_{280},以判断其纯度和浓度。

【计算】

1. 计算A_{260}/A_{280}比值

(1) A_{260}/A_{280}比值在1.7～1.8,初步提示DNA已达到所要求的纯度。在样品中含有蛋白质等杂质时,会使A_{260}/A_{280}比值下降。

（2）A_{260}/A_{280}比值 >1.8 以上，提示样品中可能仍存在 RNA，可考虑用 RNA 酶处理样品。

2. DNA 浓度(μg/μl) = $\frac{A_{260} \times 50 \times \text{稀释倍数}}{1\,000}$

3. 根据含量计算 DNA 总量：

DNA 总量(μg) = DNA 含量(μg/μl) × 体积(μl)

【试剂】

1. LB 培养基(含氨苄西林、四环素)：

蛋白胨	1 g
酵母提取物	0.5 g
氯化钠	0.9 g
葡萄糖	0.2 g

溶于 80 ml 蒸馏水中，以 1 mol/L NaOH 调至 pH7.0 左右，定容至 100 ml。103 kPa 高压灭菌 20 min，冷却后在无菌条件下加入氨苄西林至 50 μg/ml，四环素 15 μg/ml。4℃保存。

固体 LB 培养基的制备：在液体 LB 中加入 2% 琼脂粉，高压灭菌，冷却至 60℃左右，加入氨苄西林至 50 μg/ml 及四环素 15 μg/ml，摇匀，立即铺皿。

2. 氨苄西林：将原装粉剂溶于无菌蒸馏水中，浓度为 25 mg/ml，分装，贮于 -20℃冰箱保存。

3. 四环素：将原装粉剂溶于 50% 乙醇中，浓度为 12.5 mg/ml，分装，贮于 -20℃冰箱保存。

4. 溶液Ⅰ：

50 mmol/L	葡萄糖
10 mmol/L	EDTA(乙二胺四醋酸，pH8.0)
25 mmol/L	Tris - HCl(三羟甲基氨基甲烷，pH8.0)

5. 溶液Ⅱ：

1 mol/L NaOH	40 μl
5% SDS	40 μl
蒸馏水	120 μl

临用前混匀。

6. 溶液Ⅲ(pH4.8 醋酸钾溶液)：

5 mol/L 醋酸钾	60 ml

冰醋酸	11.5 ml
蒸馏水	28.5 ml

7. 饱和重蒸酚:

(1) 将商品酚(分析纯,白色结晶。若呈粉红色,需要在160℃重蒸)置65℃水浴上缓缓加热融化,取200 ml融化酚加入等体积1 mol/L Tris - HCl (pH8.0)缓冲液和0.2 g (0.1%)8-羟基喹啉(抗氧化剂,保护苯酚不被氧化),用磁力搅拌器将混合物搅拌15 min,静置分相。尽可能彻底地移去上层水相。

(2) 再加入等体积的0.1 mol/L Tris - HCl pH 8.0缓冲液到酚中,搅拌15 min后关上磁力搅拌器。按步骤(1)方法移去上层水相。重复抽提过程,直到酚相的pH值大于7.8(用pH试纸测量)。

(3) 酚达到平衡并最后一次移出液相后,加入0.1倍体积含有0.2%β巯基乙醇的0.1 mol/L Tris - HCl pH8.0缓冲液。这种形式的酚溶液可装在不透光的瓶中并处于10 mmol/L Tris - HCl pH 8.0缓冲液液层下,于4℃保存1个月。

8. TE缓冲液(pH8.0):

10 mmol/L	Tris - HCl(pH8.0)
1 mmol/L	EDTA

高压灭菌。

9. 无DNA酶的RNA酶:将胰RNA酶(RNA酶A)溶于10 mmol/L Tris - HCl(pH7.5)及15 mmol/L NaCl中,配成10 mg/ml的浓度,于100℃加热15 min。缓慢冷却至室温,分装成小份保存于-20℃冰箱。

10. 5×TBE缓冲液:参见实验二十五。

11. 6×载样缓冲液:参见实验二十五。

12. 10 mg/ml溴化乙啶溶液:参见实验二十五。

【器材】

1. 电热恒温培养箱。
2. 恒温摇床。
3. 超净工作台或接种室。
4. 高压灭菌锅。
5. 台式高速离心机,Eppendorf管(简称“Ep管”)。
6. 旋涡振荡器。
7. 752型紫外分光光度计。

8. 20 μl、200 μl 可调式微量加样器。

【思考题】

1. 为什么用碱变性裂解法可提取得到质粒 DNA?

2. 碱变性裂解法提取质粒过程中,氢氧化钠、SDS、醋酸钾、酚/氯仿等试剂的作用是什么?

3. 质粒提取过程中,应注意哪些操作,为什么?

实验三十九　质粒 DNA 的限制性内切酶酶解鉴定

【目的】

1. 了解核酸限制性内切酶的作用特点。

2. 熟悉核酸限制性内切酶的使用基本原则和操作方法。

【原理】

核酸限制性内切酶是重组 DNA 技术中最重要的工具酶之一。它是一类能识别双链 DNA 中特定碱基序列,内切方式水解 DNA 链的核酸水解酶。核酸限制性内切酶的种类繁多,大多从原核生物中发现。限制性内切酶分为三大类,最适合基因工程操作的限制内切酶为第二类限制内切酶,其特异性也最佳。第二类限制内切酶识别专一序列,并在一个专一位点上切割 DNA。这类酶的一个重要特点是切割的断裂点都在反转重复序列上,也叫回文式序列,一般都是由 4～6 个核苷酸组成的短片段。

限制内切酶是热不稳定、价格昂贵的生化试剂,因此操作时必须细心,而且要有计划。目前对各种限制内切酶的最适反应条件,如 pH 值范围、缓冲液组成、反应温度等均已进行了较深入的研究,这些资料可参阅许多生物试剂公司提供的试剂手册或有关文献。必须指出的是,特定的反应条件不仅对最大酶促活性的发挥至关重要,有时改变反应条件还会改变某些限制内切酶的特异性。

在使用限制性内切酶的过程中,为获得满意的结果,应注意以下几个原则:

(1) 试剂公司提供的限制性内切酶均以浓缩形式保存在含 50% 甘油的缓冲液中, -20℃贮存条件其活性可保存半年以上。但在使用时必须将甘油的最终浓度稀释到 5% 以下,因为过高的甘油浓度会抑制酶的活性。

(2) 避免反复冷冻酶制剂,造成酶蛋白活性的丢失,因此操作限制性内切酶应保持在低温条件(如冰浴)中进行。

(3) 限制性内切酶的用量可参照酶单位的定义确定。1 个单位的限制性内切酶是指在最适反应条件下,1 h 内完全酶解 1 μg λDNA 所需要的酶量。因此理论上讲 1 μg 底物 DNA,在其最适的缓冲液及温度下反应 1 h 可被彻底酶切。

(4) 若 DNA 样品需用几种限制性内切酶消化时,应注意它们对缓冲液的要求是否相同,若相同可同时进行酶切反应,若不同应首先选择低离子强度缓冲液的酶进行反应,然后再加入第二、三……种酶和补充适当量的盐离子,继续保温。

(5) 酶切反应所用的 Ep 管及 Tip 头均应高压消毒,以避免被其他酶所污染。样品 DNA 经限制性内切酶消化的产物,可用琼脂糖凝胶电泳进行观察。

(6) 某些常用限制性内切酶的识别序列:

EcoR Ⅰ	5′－G ↓ AATT　C－3′
	3′－C　TTAA ↑ G－5′
Hind Ⅲ	5′－A ↓ AGCT　T－3′
	3′－T　TCGA ↑ A－5′
BamH Ⅰ	5′－G ↓ GATC　C－3′
	3′－C　CTAG ↑ G－5′

【操作】

1. 酶切反应:取洁净消毒过的 0.5 ml(或 1.5 ml)Ep 管 1 支,分别加入下列成分:

0.2 μg/μl 的质粒 DNA	1 μg
10 × 反应缓冲液	2 μl
BSA	2 μl
限制性内切酶	2 ~ 4 U
加双蒸水至总体积	20 μl

用移液器的尖头将上述溶液在 Ep 管底部轻轻搅匀,盖好,放置在 37℃ 水浴中 1 h 左右。

2. 电泳凝胶板的制备:参见实验二十五。

3. 电泳加样

(1) 取酶解产物 10 μl 加入载样缓冲液 2 μl,轻轻混匀。

(2) DNA 分子量标准(Marker)液 10 μl(含 Marker 0.5 μg),加载样缓冲液 2 μl 混匀。

(3) 未酶解的质粒 DNA 3 μl,双蒸水 7 μl,载样缓冲液 2 μl,混匀。

上述 3 种 DNA 样品分别加入琼脂糖凝胶板的样品孔内。

4. 电泳与鉴定:加入样品后,以 5 V/cm 的电压,在室温电泳 30 ~ 60 min,取出凝胶,在紫外检测仪下观察,可见橘红色条带,即为 DNA 片段。将酶切的 DNA 片段与未酶切的质粒 DNA 及分子量标准比较,即可观察质粒 DNA 分子量大小、质粒 DNA 提取纯化情况及酶切消化是否彻底(图 39 - 1)。

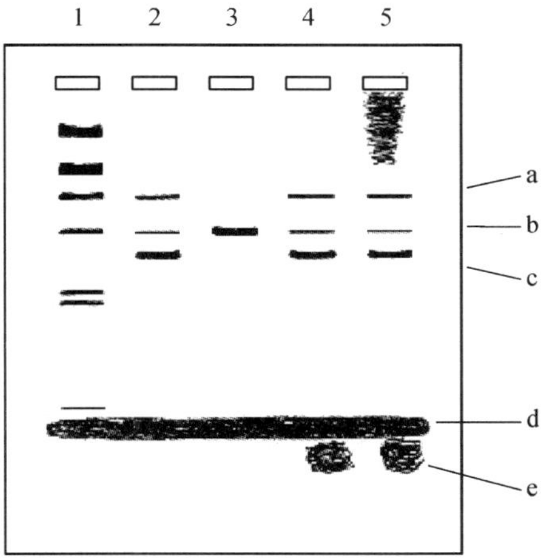

图 39 - 1　质粒 DNA 酶解鉴定图谱

注:1. DNA 分子量标准;2. 纯化的质粒 DNA;3. 线性 DNA(以单一位点酶切的质粒 DNA);4. 未纯化的 DNA;5. 有染色体污染的 DNA;a. 带切口环状 DNA;b. 线状 DNA;c. 超螺旋环状 DNA;d. 溴酚蓝;e. RNA。

【试剂】

参照实验三十八。

【器材】

1. 电泳槽与电泳仪。
2. 紫外检测仪。
3. 电热恒温水浴箱。
4. 可调式微量加样器。
5. 小型台式高速离心机。

【思考题】

1. 什么是核酸限制性内切酶?其有何作用及作用特点如何?
2. 你如何设计质粒 DNA 的酶切反应体系?
3. 你如何判断质粒 DNA 酶切消化是否彻底?

实验四十　真核细胞基因组 DNA 的提取

【目的】

了解从哺乳动物细胞中制备基因组 DNA 的方法。

【原理】

在 EDTA 和 SDS 等去污剂的存在下,用蛋白酶 K 消化细胞,可裂解细胞膜与核膜,将存在于细胞核中的基因组 DNA 释放,随后用苯酚抽提,乙醇沉淀,可以得到哺乳动物基因组 DNA。用此方法得到的 DNA 长度为 100 ~ 150 kb,适用于 λ 噬菌体构建基因组文库和 DNA 印迹分析。

【操作】

1. 取 0.2 g 鼠肝或人手术切除病理组织标本,用冰冷的生理盐水洗涤 3 次,然后置于玻璃匀浆器中,加入 4.0 ml 匀浆液,匀浆至无明显组织块存在。

2. 取 400 μl 匀浆液至 1.5 ml Ep 管中,再加 800 μl 裂解液,加入蛋白酶 K,使终浓度达 200 μg/ml,55℃水浴 1 h。

3. 加 3 mol/L 醋酸钾 100 μl,混匀,静置 10 min。

4. 10 000 r/min 离心 5 min。

5. 将上清液移入另一 Ep 管,加入等体积饱和酚,盖上管盖后,轻缓来回摇动 5 min 左右。10 000 r/min 离心 5 ~ 10 min。

6. 有时如果 DNA 含量过高,水相在下层,实验时注意观察。小心吸出含 DNA 的水相至另一 Ep 管(注意勿吸出界面中的蛋白沉淀),加等体积酚/氯仿(1:1),盖上管盖后,轻缓来回摇动 5 min 左右。10 000 r/mim 离心 5 ~ 10 min(若界面或水相中蛋白含量多,可重复 5,6 操作)。

7. 将上清液移入另一 Ep 管,加入等体积氯仿/异戊醇,盖上管盖后,轻缓来回摇动 5 min 左右。10 000 r/mim 离心 5 ~ 10 min。

8. 小心吸出上层含 DNA 的水相,移入另一 Ep 管,加入 2.5 倍体积的冷无水乙醇,轻轻混匀,室温放置约 30 min 或 -20℃过夜。

9. 10 000 r/min 离心 15 min,弃上清液,75%冷乙醇洗涤一次,10 000 r/min 离心 5 min,室温干燥(不要太干,否则 DNA 不易溶解)。加入 20 ~ 50 μl TE 缓冲液,轻摇溶解,即可得到哺乳动物基因组 DNA。

10. 紫外分光光度法测定 DNA 的浓度及纯度:取 DNA 溶液 5 μl,加入 2 995 μl双蒸水(稀释 600 倍),混匀。以双蒸水作为空白,在紫外分光光度计上于 260 nm 及 280 nm 处测吸光度(A_{260}和 A_{280})。

11. 琼脂糖凝胶电泳鉴定 DNA 分子的大小(参见实验二十五)。

【计算】

1. DNA 浓度计算:

$$\text{DNA 浓度}(\mu g/\mu l) = \frac{A_{260} \times 50 \times \text{稀释倍数}}{1\,000}$$

2. DNA 总量计算:

$$\text{DNA 总量}(\mu g) = \text{DNA 浓度}(\mu g/\mu l) \times \text{体积 } \mu l$$

3. 计算 A_{260}/A_{280} 比值:

(1) A_{260}/A_{280} 比值在 1.7 ~1.8,初步提示 DNA 已达到所要求的纯度。样品中含有蛋白质等杂质时,会使 A_{260}/A_{280} 比值下降。

(2) A_{260}/A_{280} 比值大于 1.8 以上,提示样品中可能仍存在 RNA,可考虑用 RNA 酶处理样品。

【试剂】

1. 5 mol/L NaCl。
2. 0.5 mol/L Tris · HCl(pH 8.0)。
3. 0.5 mol/L EDTA。
4. 3 mol/L 醋酸钾(pH 4.8 ~5.0)。
5. 生理盐水。
6. 10% 十二烷基磺酸钠(SDS)。

以上均高压灭菌。

7. 组织匀浆液:100 mmol/L NaCl, 10 mmol/L Tris · HCl(pH 8.0), 25 mmol/L EDTA(pH 8.0)。
8. 细胞裂解液:200 mmol/L NaCl, 20 mmol/L Tris · HCl(pH 8.0), 50 mmol/L EDTA(pH 8.0),200 μg/mL 蛋白酶 K,1% SDS。
9. 10 mg/ml 蛋白酶 K:10 mg/ml 配好后用一次性过滤器过滤,-20℃保存。
10. 饱和酚:参见实验三十八。
11. 氯仿。
12. 氯仿/异戊醇(24:1, *V/V*)。
13. 无水乙醇。
14. TE 缓冲液:10 mmol/L Tris · HCl(pH 8.0), 25 mmol/L EDTA (pH 8.0)。

15. 小鼠或人手术切除病理组织标本。

【器材】

1. 高压灭菌锅、恒温水浴箱。
2. 台式高速离心机。
3. 低温冰箱、玻璃匀浆器。
4. 1.5 ml Ep 离心管、微量取样器和吸头。
5. 紫外分光光度计。

【思考题】

1. 制备哺乳动物基因组 DNA 时应注意些什么?
2. 如何知道你所制备的基因组 DNA 是否达到要求?

实验四十一　聚合酶链反应

【目的】

掌握聚合酶链反应的原理、反应体系、操作步骤、反应特点,了解其应用及注意事项。

【原理】

聚合酶链反应(polymerase chain reaction, PCR)是模拟体内 DNA 的天然复制过程,在体外扩增 DNA 分子的一项分子生物学技术,主要用于扩增位于两段已知序列之间的 DNA 区段。在待扩增的 DNA 片段两侧和与其两侧互补的两个寡核苷酸引物,经变性、退火和延伸若干个循环后,DNA 扩增 2^n 倍。

1. 变性:加热使模板 DNA 在高温下(94℃左右),双链间的氢键断裂而形成两条单链,即变性阶段。

2. 退火:使溶液温度降至 50~60℃,模板 DNA 与引物按碱基配对原则互补结合,即退火阶段。

3. 延伸:溶液反应温度升至 72℃,耐热 DNA 聚合酶以单链 DNA 为模板,在引物的引导下,利用反应混合物中的 4 种脱氧核苷三磷酸(dNTP),按 5′末端→3′末端方向复制出互补 DNA,即引物的延伸阶段。

上述 3 步为一个循环,即高温变性、低温退火、中温延伸 3 个阶段。从理论上讲,每经过一个循环,样本中的 DNA 量应该增加 1 倍。新形成的链又可成为新一轮循环的模板,经过 25~30 个循环后 DNA 可扩增 10^6~10^9 倍。

由于该法操作简单,实用性强,灵敏度高,并可自动化,因而在分子生物学、基因工程研究以及对遗传病、传染病和恶性肿瘤等的基因诊断和研究中得到广泛应用。

典型的 PCR 体系由如下组分组成：DNA 模板、反应缓冲液、dNTP、$MgCl_2$、两个合成的 DNA 引物、耐热 Taq 聚合酶。

【操作】

1. PCR 体系配制及扩增

（1）取一洁净的 0.5 ml Ep 管，依次加入下列试剂：

双蒸馏水	28 μl
10×反应缓冲液	5 μl
dNTP	5 μl
引物 1	2.5 μl
引物 2	2.5 μl
模板 DNA	5 μl

（2）将上述液体混匀，92℃变性 5 min 后，加入 2 μl Taq DNA 聚合酶（2 U），然后加入 50 μl 液状石蜡。

（3）将反应管放入 PCR 扩增仪上进行聚合酶链反应，条件为 92℃、30 s，55℃、30 s，72℃、1 min，共 30 个循环。最末 1 个循环紧接 72℃再延伸 5 min。

2. 扩增产物电泳检测

（1）电泳凝胶板的制备：参见实验二十五。

（2）取 PCR 扩增产物 10 μl 与 2 μl 上样缓冲液混合后，仔细加入凝胶的加样槽内。

（3）接通电源线，打开电泳仪开关，调节电压为 80 V（5 V/cm），电泳约 30 min。

（4）电泳结束，关闭电源，戴上手套，取出凝胶置于紫外检测仪上，见到的橙红色荧光条带即为 β-球蛋白基因的 DNA 扩增片段。

【试剂】

1. 实验中有关试剂和器材都要进行高压灭菌处理。

2. 10×缓冲液：

500 mmol/L	KCl
100 mmol/L	Tris·HCl（pH 8.3，室温）
15 mmol/L	$MgCl_2$
0.1%	明胶

3. 4×dNTP：

1 mmol/L	dATP

1 mmol/L dCTP

1 mmol/L dGTP

1 mmol/L dTTP

4. Taq 酶:1 U/μl。
5. DNA 模板:1 ng/μl。
6. 引物:溶液浓度 10 pmol/μl

引物 1 序列:5′- GTTGGCCAATCTACTCCCAG - 3′

引物 2 序列:5′- GCTCACTCAGTGTGGCAAAG - 3′

7. 5×TBE 缓冲液:参见实验二十五。
8. 6×载样缓冲液:参见实验二十五。
9. 10 mg/ml 溴化乙啶溶液:参见实验二十五。
10. 液状石蜡。

【器材】

1. 高速台式离心机。
2. PCR 扩增仪。
3. 电泳仪及电泳槽。
4. 紫外检测仪。
5. 微量加样器。
6. 塑料吸头。
7. 0.5 ml Ep 管。

【思考题】

1. 什么是 PCR? 其原理如何?
2. 你如何理解 DNA 复制的条件与 PCR 反应体系的异同?

第五篇

综合实验、设计实验及病例讨论

实验四十二　血清 γ -球蛋白的分离、纯化与鉴定

【目的】

1. 了解并熟悉盐析法分离、纯化蛋白质的原理和方法。

2. 掌握血清 γ -球蛋白纯度鉴定及定量测定的方法。

【原理】

1. 蛋白质盐析:维持蛋白质亲水胶体特性的两个重要因素是蛋白质分子表面的电荷和水化膜,其中任何一个因素受到破坏,都会降低胶体的稳定性,使蛋白质分子聚集而发生沉淀。

利用盐析沉淀蛋白质的基本原理:盐在水溶液中电离所形成的正负离子可吸引水分子,从而夺取蛋白质分子上的水化膜,还可中和部分电荷,致使蛋白质分子聚集,从而达到盐析沉淀蛋白质的目的。

由于血清中各种蛋白质颗粒大小、所带电荷的多少及亲水程度不同,当使用某种中性盐对其进行盐析时,所需的最低盐浓度各不相同。例如,血清球蛋白不溶于50%饱和硫酸铵溶液;γ -球蛋白不溶于33%饱和硫酸铵溶液;而清蛋白在大于50%饱和硫酸铵溶液中析出。因此,利用不同浓度的硫酸铵溶液,便可将血清中不同的蛋白质分别从溶液中沉淀出来,达到分离纯化蛋白质的目的。

虽然单纯盐析的方法不能达到完全分离和纯化蛋白质的目的,但由于该法操作简便,设备简单,因此仍为许多实验室所采用。

2. 脱盐:经中性盐分离纯化的蛋白质溶液,尚需通过脱盐及浓缩等方法才能得到所需的蛋白质。脱盐最常用的方法是使用透析袋透析。该法简便,透析效率高,需时短,但往往因沾在透析袋壁上的蛋白质较多,需用较多的生理盐水冲洗而浓缩困难。因此,现在用葡聚糖凝胶 G－25 装柱过滤,即凝胶层析法脱盐,不仅效果好,而且去盐效率比透析法高,也是工业化生产蛋白质制剂最常采用的方法。

本实验中采用盐析法提纯的混有大量硫酸铵的 γ -球蛋白溶液,通过葡聚糖凝胶 G－25 柱,经生理盐水洗脱,洗脱出的第一个峰为 γ -球蛋白(用双缩脲试剂检查),隔一段时间洗脱出的第二个峰即为硫酸铵(用钠氏试剂检查),从而达到使 γ -球蛋白脱盐的目的。

3. γ -球蛋白分析鉴定:本实验采用醋酸纤维薄膜电泳对纯化的 γ -球蛋

白进行分析鉴定,以正常人血清样品作对照。比较两者电泳图谱,可定性判断纯化的 γ -球蛋白的纯度。

醋酸纤维薄膜电泳原理如前所述。正常人血清蛋白经醋酸纤维薄膜电泳后可获得 5 条带,从负极端开始分别为 γ -球蛋白、β -球蛋白、α_2 -球蛋白、α_1-球蛋白和清蛋白。而经硫酸铵盐析分离纯化后的 γ -球蛋白溶液在醋酸纤维薄膜电泳图谱上,仅在 γ -球蛋白位置上出现区带。

4. γ -球蛋白的定量测定:本实验采用双缩脲法测定 γ -球蛋白含量,详见实验十四。

【操作】

(一) γ -球蛋白的分离与纯化

1. 盐析

(1) 取离心管 1 支加入血清 1 ml,加入等量 PBS 溶液混匀,然后逐滴加入 pH7. 2 饱和硫酸铵溶液 2 ml,边加边摇,静置 15 min。此蛋白质溶液的硫酸铵浓度为 50% 饱和度。

(2) 将离心管平衡好后置于离心机中,3 000 r/min 离心 10 min,弃去上清液(内含清蛋白),沉淀溶于 PBS 溶液中,使体积达 1 ml,再加同体积的饱和硫酸铵溶液,边加边摇,静置 15 min。此蛋白质溶液的硫酸铵浓度仍为 50% 饱和度。

(3) 将离心管按上法再离心,弃去上清液,沉淀溶于 PBS 溶液中,使体积达 1 ml。再逐滴加饱和硫酸铵溶液0. 5 ml,使蛋白质溶液的硫酸铵浓度为 33% 。静置 15 min,离心,弃去上清液,沉淀即为 γ -球蛋白。重复这一过程 1 次,可得更纯的 γ -球蛋白。

(4) 向盛有 γ -球蛋白沉淀的离心管内,加入 PBS 溶液 0. 5 ml,并用玻璃棒轻轻搅拌,至全部沉淀溶解,待脱盐。

2. 脱盐

(1) 准备层析柱:详见实验二十。

(2) 加样:所加样品为待脱盐的 γ -球蛋白溶液。具体操作参见实验二十。

(3) 洗脱与收集:待洗涤层析柱内壁的 PBS 溶液大部分流入凝胶柱后,再陆续小心加入 PBS 溶液 10 ml 左右。同时准备 10 支干净的小试管放在试管架上,用于收集洗脱液,每管大约收集约 1 ml,直到 10 支试管都收集到洗脱液后,将螺旋夹拧紧,各试管中液体留作试验。取干净的瓷反应板两块,每块反应板各孔依次加入收集的各管液体 1 滴,然后在其中一块瓷反应板的每孔中再加入1滴纳氏试剂。检查有无铵离子(NH_4^+)存在,若呈黄色到橙色均说明有铵离子存在。记录下各孔的颜色变化,以(－)、(＋)、(＋＋)、(＋＋＋)表示不呈色或呈色深浅的程度。在另一块瓷反应板每孔各加1滴双缩脲试剂,检查有无蛋白质存在,若呈紫红色,说明有蛋白质存在。记录下各孔的颜色变化,并用上述符号记录下各管颜色的深浅程度。将呈紫红色最深而又无铵离子存在的各孔所对应各管中的液体收集,供电泳及定量测定用。

(二) γ-球蛋白的分析鉴定

参见实验十六。

(三) γ-球蛋白的定量测定

取血清0.1 ml,加0.9%氯化钠0.9 ml,混匀(1∶10稀释)作为测定管1。另取干净中试管3支,按下表操作。

(单位:ml)

试　剂	空白管	标准管	测定管1	测定管2
1∶10稀释血清	—	—	1.0	—
γ-球蛋白液	—	—	—	1.0
蛋白质标准液	—	1.0	—	—
0.9% NaCl	2.0	1.0	1.0	1.0
双缩脲试剂	4.0	4.0	4.0	4.0
混匀后置37℃水浴中保温20 min;在540 nm波长处,以空白管调零,测定各管吸光度				
A_{540}				

γ-球蛋白浓度也可直接用紫外分光光度计于280 nm波长测定。

【注意事项】

1. 在整个纯化过程中,操作要规范,条件要温和,防止蛋白质变性。

2. 盐析时,向蛋白质溶液中加饱和硫酸铵的速度要慢,边加边轻轻搅拌,尽量避免产生气泡,最好在低温条件下进行。

3. 凝胶柱层析脱盐时,凝胶要充分溶胀,装柱时要缓慢均匀,凝胶柱床表面要平整,表面液体不能流干,加样时不能搅动凝胶柱表面。

【结果处理】

1. γ-球蛋白的定性鉴定:将两条经染色的醋酸纤维薄膜进行比较,观察提纯γ-球蛋白区带与正常血清蛋白区带的相应位置。

2. γ-球蛋白的定量鉴定

(1) 按下列公式计算出测定管的蛋白质浓度:

$$血清蛋白质(mg/ml) = \frac{A_{测1}}{A_s} \times 6.0 \times 10$$

$$\gamma-球蛋白(mg/ml) = \frac{A_{测2}}{A_s} \times 6.0$$

若用紫外分光光度计在280 nm波长直接测定,则按下列公式计算γ-球蛋白浓度:

$$\gamma-球蛋白(mg/ml) = \frac{A_{280}}{14.3} \times 10$$

式中,14.3为血清中γ-球蛋白的吸光系数$E_{280\ nm}$值。

【试剂】

1. PBS(磷酸盐生理盐水)溶液:用0.01 mol/L(pH 7.2)磷酸盐缓冲液配制的0.9%氯化钠溶液。
2. 饱和硫酸铵溶液(pH 7.2):用浓氨水调节pH至7.2。
3. 纳氏试剂:参见实验二十七。
4. 双缩脲试剂:参见实验十四。
5. 15%氯化钠-麝香草酚溶液:称取氯化钠75 g,加蒸馏水30 ml,煮沸后加少量麝香草酚使溶解后过滤,冷却后,用煮沸过并已冷却的蒸馏水稀释至500 ml,搅匀备用。
6. 6.0 mg/ml蛋白质标准液:用微量凯氏定氮法准确测出牛血清清蛋白或酪蛋白的蛋白质含量,然后用15%氯化钠-麝香草酚溶液稀释成每1毫升蛋白质含量为6.0 mg,此蛋白质标准液在冰箱中可保存8个月。
7. 0.9%氯化钠溶液。
8. 卢戈氏碘液:称取碘2 g及碘化钾4 g,加蒸馏水至30 ml,完全溶化,混匀。
9. 葡聚糖凝胶G-25。
10. pH 8.6巴比妥缓冲液(离子强度为0.06 mol/L)。
11. 染色液。
12. 漂洗液。

【器材】

1. 离心机、玻璃层析柱、滴管、瓷反应板。
2. 试管及试管架、刻度吸量管、分光光度计、电热恒温水浴箱。
3. 电泳仪及电泳槽、醋酸纤维薄膜、加样器、染色缸、漂洗缸、竹镊子。

【思考题】

1. 中性盐盐析提取蛋白质的原理是什么？需注意哪些问题？

2. 葡聚糖凝胶层析法分离纯化蛋白质的原理是什么？为什么葡聚糖凝胶 G－25 可将 γ－球蛋白与硫酸铵分开？

3. 制备蛋白质类制剂需注意哪些问题？

实验四十三　设 计 实 验

设计性实验是指给定实验目的和实验条件，由学生自行设计实验方案并加以实现的实验。与传统的验证性实验比较，设计性实验可更好地调动学生学习的主动性。首先，在给定实验目的和实验条件的前提下，学生在教师的指导下自己设计实验方案，选择实验器材，制订操作程序，学生必须运用自己掌握的知识进行分析、探讨。在整个实验过程当中，学生处于主动学习的状态，学习的目的非常明确，独立思维，特别是创造性思维比较活跃，学生主动学习的积极性可得到调动。其次，设计性实验的实验内容一般尚未为学生所系统了解，需要学生通过实验去学习、去认识，打破实验依附理论的传统教学模式，恢复了实验在认识自然、探索科学发现过程当中的本来面目，让实验教学真正成为学生学习知识、培养能力的基本方法和有效途径。

【目的】

1. 加深对理论知识的理解。

2. 学会综合运用基本的生物化学实验技术。

3. 培养学生的创新思维以及组织能力、口头表达能力与协作能力。

【操作】

1. 设计性实验的选题

(1) 实验前 4 周，教师向学生介绍实验目的及实验室条件，要求学生提出与生物化学理论知识相关的设计性实验题目。

(2) 实验前 3 周，教师根据实验室条件选择 1 个实验题目，布置学生查阅文献资料，要求每人提交 1 个实验方案。

2. 实验方案的确定

(1) 实验前 2 周，教师对学生进行实验分组（每组 4～6 人），布置学生在小组内讨论自己的实验方案，整理出本小组统一的实验方案，并选出实验小组长。

(2) 各小组长向全班同学讲述本组的实验方案。教师在每个小组长发言后，对实验原理及实验方案的可行性给予建议。

(3) 由全班同学根据小组长的发言讨论决定1个实验方案,在教师的指导下,全班同学一起讨论完善本实验方案。

(4) 由提供该实验方案的实验小组提供本次实验所需的仪器及药品清单。

(5) 实验前1周,以小组为单位提交预实验报告,内容包括:实验的原理、实验试剂和器材、具体操作方法、预期实验结果。

(6) 将预实验报告交老师审阅。

3. 实验方案的实施

(1) 实验前2天,由各小组组长配制本次实验所需的各种试剂。

(2) 各小组在生物化学实验室内按时完成实验,如实记录实验数据。

4. 实验报告的写作:以小组为单位,要求学生按照实验研究论文的格式完成实验报告。

5. 实验评价:教师根据实验全程,对学生的实验题目、小组讨论结果、预实验报告、学生具体实验操作及实验研究论文,对学生做出综合的评价。

【注意事项】

1. 实验中注意安全,遵守各项操作规程。
2. 配制实验试剂时,注意根据实验用量配制。

【参考题目】

1. SOD 的提取及活性测定。
2. 黄豆中蛋白质含量测定。
3. 清蛋白、球蛋白的制备。
4. 各种食物中维生素C的含量测定。
5. 牛奶中蛋白的提取制备。
6. 唾液淀粉酶活性测定。
7. 测定物质中游离的氨基酸浓度。
8. 鸡蛋中(蛋清、蛋黄)蛋白质的测定。
9. RNA 的提取与 pH 值的关系。
10. 利用酶观察不同条件下失活的蛋白质能否复活。
11. 蛋白质沉淀反应和两性反应。

实验四十四 病例讨论

病例讨论1:糖尿病的物质代谢紊乱

【讨论提纲】

1. 胰岛素分泌不足糖代谢途径有何变化？糖尿病时出现高血糖与糖尿的生化机制是什么？

2. 糖尿病时还引起哪些代谢途径紊乱？试分析糖尿病时出现酮血症、酮尿症与代谢性酸中毒的生化机制。

3. 2 型糖尿病患者血中胰岛素水平高于正常，为什么会表现高血糖？

病例讨论 2：低血糖症的发病机制

【讨论提纲】

1. 血糖的来源与去路有哪些？

2. 血糖的浓度是如何调节的？

3. 试分析低血糖症发病的生化机制。

病例讨论 3：甲状腺功能亢进症的代谢概况

【讨论提纲】

1. 试述甲状腺激素对体内物质代谢的影响。

2. 试分析甲状腺功能亢进症的物质代谢异常。

病例讨论 4：高脂蛋白血症的发病原因

【讨论提纲】

1. 血浆中主要有哪些血脂成分？血浆脂质的浓度受哪些因素影响？

2. 血浆脂蛋白分为几种类型？各有何理化特点？其各自的功能又如何？

3. 正常人胆固醇及三酰甘油（甘油三酯）代谢概况如何？

4. 试分析高脂蛋白血症的类型及其代谢紊乱。

病例讨论 5：动脉粥样硬化的病因

【讨论提纲】

1. 试述血脂的组成。

2. 试分析引起血脂增高的外因和内因。

3. 试述动脉粥样硬化时脂质代谢失常概况。

病例讨论 6:痛风的病因和发病机制

【讨论提纲】

1. 试述正常情况嘌呤代谢的特点及其调节。
2. 试分析痛风的病因和发病原理。

病例讨论 7:肝昏迷的可能病因与代谢的关系

【讨论提纲】

1. 试述血氨的来源与去路。
2. 试述三羧酸循环特点及其生理意义。
3. 高氨血症与氨中毒如何引起肝昏迷?

病例讨论 8:肿瘤发生时基因的异常表达与临床基因诊断的分子生物学技术应用

【讨论提纲】

1. 试述基因表达的调控。
2. 试述癌基因和抑癌基因;癌基因和抑癌基因与肿瘤的发生。
3. 试述基因诊断的技术及原理:①分子杂交技术;②PCR 技术;③序列分析等。

第六篇

附　　录

附录一　洗涤液的种类、配制方法及用途

1. 铬酸洗涤液(重铬酸钾-硫酸洗液,简称“洗涤液”):广泛用于玻璃仪器的洗涤。常用的配制方法有下述4种:

(1) 量取100 ml 工业浓硫酸置于烧杯中,小心加热,然后小心慢慢加入5 g 重铬酸钾粉末,边加边搅拌,待全部溶解后冷却,贮于有玻璃塞的细口瓶内。

(2) 称取5 g 重铬酸钾粉末置于250 ml 烧杯中,加水5 ml,尽量使其溶解。慢慢加入浓硫酸100 ml,边加边搅拌,冷却后贮存备用。

(3) 称取80 g 重铬酸钾,溶于1 000 ml 自来水中,慢慢加入工业硫酸100 ml(边加边用玻璃棒搅动)。

(4) 称取200 g 重铬酸钾,溶于500 ml 自来水中,慢慢加入工业硫酸500 ml(边加边搅拌)。

2. 浓硫酸(工业用):可洗去水垢或某些无机盐沉淀。

3. 5%草酸溶液:用数滴硫酸酸化,可洗去高锰酸钾的痕迹。

4. 5% ~10%磷酸钠($Na_3PO_4 \cdot 12H_2O$)溶液:可洗涤油污物。

5. 30%硝酸溶液:洗涤 CO_2 测定仪器及微量滴管。

6. 5% ~10%乙二胺四醋酸二钠($EDTA-Na_2$)溶液:加热煮沸可洗脱玻璃仪器内壁的白色沉淀物。

7. 尿素洗涤液:为蛋白质的良好溶剂,适用于洗涤盛蛋白质制剂及血样的容器。

8. 乙醇与浓硝酸混合液:最适合于洗净滴定管。在滴定管中加入3 ml 乙醇,然后沿管壁慢慢加入4 ml 浓硝酸(比重1.4),盖住滴定管管口,利用所产生的氧化氮洗净滴定管。

9. 有机溶剂:如丙酮、乙醇、乙醚等可用于洗脱油脂、脂溶性染料等污痕。二甲苯可洗脱油漆的污垢。

10. 氢氧化钾的乙醇溶液和含有高锰酸钾的氢氧化钠溶液:是两种强碱性的洗涤液,对玻璃仪器的侵蚀性很强,清除容器内壁污垢,洗涤时间不宜过长,使用时应小心谨慎。

上述洗涤液可多次使用,但是使用前必须将待洗涤之玻璃仪器先用水冲洗多次,除去肥皂、去污粉或各种废液。若仪器上有凡士林或羊毛脂时,应先用软纸擦去,然后用乙醇或乙醚擦净后才能使用洗涤液,否则会使洗涤液迅速失效。例如:肥皂水、有机溶剂(乙醇、甲醛等)及少量油污皆会使重铬酸

钾-硫酸洗液变绿,减低洗涤能力。

附录二　一般化学试剂的分级

标准和用途	一级试剂	二级试剂	三级试剂	四级试剂	生物试剂
我国标准	保证试剂	分析纯	化学纯	实验试剂	
	GR	AR	CP		BR 或 CR
	绿色标签	红色标签	蓝色标签	化学用 LR	
国外标准	AR	CP	LR		
	GR	PUSS	EP	P	
	ACS	Puriss	ч	Pure	
	PA	чдA			
	Xч				
用　　途	纯度最高,杂质含量最少的试剂。适用于最精确分析及研究工作	纯度较高,杂质含量较低。适用于精确的微量分析工作,为分析实验室广泛使用	质量略低于二级试剂,适用于一般的微量分析实验,包括要求不高的工业分析和快速分析	纯度较低,但高于工业用的试剂,适用于一般定性检测	根据说明使用

附录三　常见的市售酸碱制剂浓度与相对密度(比重)

溶质	分子式	分子量	物质的量浓度(mol/L)	质量浓度(g/L)	质量分数(%)	相对密度(g/ml)	配制 1 mol/L 溶液的加入量(ml/L)
冰醋酸	CH_2COOH	60.05	17.4	1 045	99.5	1.05	57.5
醋酸	CH_2COOH	60.05	6.27	376	36	1.045	159.5
甲酸	HCOOH	46.02	23.4	1 080	90	1.20	4.27
盐酸	HCl	36.5	11.6	424	36	1.18	86.2
			2.9	105	10	1.05	344.8
硝酸	HNO_3	63.02	15.99	1 008	71	1.42	62.5
			14.9	938	67	1.40	67.1
			13.3	837	61	1.37	75.2
高氯酸	$HClO_4$	100.5	11.65	1 172	70	1.67	85.8
磷酸	H_3PO_4	80.0	18.1	1 445	85	1.70	55.2
硫酸	H_2SO_4	98.1	18.0	1 766	96	1.84	55.6
氢氧化铵	NH_4OH	35.0	14.8	251	28	0.898	67.6
氢氧化钾	KOH	56.1	13.5	757	50	1.52	74.1
			1.94	109	10	1.09	515.5
氢氧化钠	NaOH	40.0	19.1	763	50	1.53	52.4
			2.75	111	10	1.11	363.6

附录四 缓冲液的配制

1. 甘氨酸-盐酸缓冲液(0.05 mol/L):x 0.2 mol/L 甘氨酸 + y 0.2 mol/L HCl,再加水稀释至200 ml。

pH	x(ml)	y(ml)	pH	x(ml)	y(ml)
2.2	50	44.0	3.0	50	11.4
2.4	50	32.4	3.2	50	8.2
2.6	50	24.2	3.4	50	6.4
2.8	50	16.8	3.6	50	5.0

注:甘氨酸分子量=75.07, 0.2 mol/L 甘氨酸溶液含甘氨酸15.01 g/L。

2. 乙酸-乙酸钠缓冲液(0.2 mol/L)

pH(18℃)	0.2 mol/L NaAc (ml)	0.2 mol/L HAc (ml)	pH(18℃)	0.2 mol/L NaAc (ml)	0.2 mol/L HAc (ml)
3.6	0.75	9.25	4.8	5.90	4.10
3.8	1.20	8.80	5.0	7.00	3.00
4.0	1.80	8.20	5.2	7.90	2.10
4.2	2.65	7.35	5.4	8.60	1.40
4.4	3.70	6.30	5.6	9.10	0.90
4.6	4.90	5.10	5.8	9.40	0.60

注: $NaAc\cdot3H_2O$ 分子量 = 136.09, 0.2 mol/L 溶液含 NaAc 27.22 g/L。

3. 磷酸盐缓冲液

(1) 磷酸氢二钠-磷酸二氢钠缓冲液(0.2 mol/L)

pH	0.2 mol/L Na_2HPO_4 (ml)	0.2 mol/L NaH_2PO_4 (ml)	pH	0.2 mol/L Na_2HPO_4 (ml)	0.2 mol/L NaH_2PO_4 (ml)
5.8	8.0	92.0	7.0	61.0	39.0
5.9	10.0	90.0	7.1	67.0	33.0
6.0	12.3	87.7	7.2	72.0	28.0
6.1	15.0	85.0	7.3	77.0	23.0
6.2	18.5	81.5	7.4	81.0	19.0
6.3	22.5	77.5	7.5	84.0	16.0
6.4	26.5	73.5	7.6	87.0	13.0
6.5	31.5	68.5	7.7	89.5	10.5
6.6	37.5	62.5	7.8	91.5	8.5

续 表

pH	0.2 mol/L Na_2HPO_4 (ml)	0.2 mol/L NaH_2PO_4 (ml)	pH	0.2 mol/L Na_2HPO_4 (ml)	0.2 mol/L NaH_2PO_4 (ml)
6.7	43.5	56.5	7.9	93.0	7.0
6.8	49.0	51.0	8.0	94.7	5.3
6.9	55.0	45.0			

注:$Na_2HPO_4 \cdot 2H_2O$ 分子量 = 178.05, 0.2 mol/L 溶液含 Na_2HPO_4 35.61 g/L。
$Na_2HPO_4 \cdot 12H_2O$ 分子量 = 358.22, 0.2 mol/L 溶液含 Na_2HPO_4 71.64 g/L。
$NaH_2PO_4 \cdot H_2O$ 分子量 = 138.01, 0.2 mol/L 溶液含 Na_2HPO_4 27.6 g/L。
$NaH_2PO_4 \cdot 2H_2O$ 分子量 = 156.03, 0.2 mol/L 溶液含 Na_2HPO_4 31.21 g/L。

4. 巴比妥钠-盐酸缓冲液(18℃)

pH	0.04 mol/L 巴比妥钠溶液(ml)	0.2 mol/L 盐酸 (ml)	pH	0.04 mol/L 巴比妥钠溶液(ml)	0.2 mol/L 盐酸 (ml)
6.8	100	18.4	8.4	100	5.21
7.0	100	17.8	8.6	100	3.82
7.2	100	16.7	8.8	100	2.52
7.4	100	15.3	9.0	100	1.65
7.6	100	13.4	9.2	100	1.13
7.8	100	11.47	9.4	100	0.70
8.0	100	9.39	9.6	100	0.35
8.2	100	7.21			

注:巴比妥钠盐分子量 = 206.18, 0.04 mol/L 溶液含巴比妥钠 8.25 g/L。

5. Tris-盐酸缓冲液(0.05 mol/L,25℃):0.1 mol/L Tris 溶液 50 ml 与 x 0.1 mol/L 盐酸混匀后,加水稀释至 100 ml。

pH	x(ml)	pH	x(ml)
7.10	45.7	8.10	26.2
7.20	44.7	8.20	22.9
7.30	43.4	8.30	19.9
7.40	42.0	8.40	17.2
7.50	40.3	8.50	14.7
7.60	38.5	8.60	12.4
7.70	36.6	8.70	10.3
7.80	34.5	8.80	8.5
7.90	32.0	8.90	7.0
8.00	29.2	9.00	5.7

注:Tris 分子量为 121.14, 0.1 mol/L 溶液含 12.114 g/L。
Tris 溶液可从空气中吸收二氧化碳,使用时注意将瓶盖严。

附录五 硫酸铵饱和度常用表

1. 调整硫酸铵溶液饱和度计算表(25℃)

	硫酸铵终浓度和饱和度(%)																
	10	20	25	30	33	35	40	45	50	55	60	65	70	75	80	90	100
硫酸铵初浓度和饱和度(%)	每1 L溶液加固体硫酸铵的克数(g)																
0	56	114	144	176	196	209	243	277	313	351	390	430	472	516	561	662	767
10		57	86	118	137	150	183	216	251	288	326	365	406	449	494	592	694
20			29	29	78	91	123	155	189	225	262	300	340	382	424	530	619
25				30	49	61	93	125	158	193	230	267	307	348	390	485	583
30					19	30	62	94	127	162	198	235	273	314	356	449	546
33						12	43	74	107	142	177	214	252	292	333	426	522
35							31	63	94	129	164	200	238	278	319	411	506
40								31	63	97	132	168	205	245	285	375	469
45									32	65	99	134	171	210	250	339	431
50										33	66	101	137	176	214	302	392
55											33	67	103	141	179	264	353
60												34	69	105	143	227	314
65													34	70	107	190	275
70														35	72	153	237
75															36	115	198
80																77	157
90																	79

2. 调整硫酸铵溶液饱和度计算表（0℃）

		硫酸铵终浓度和饱和度（%）																
		20	25	30	35	40	45	50	55	60	65	70	75	80	85	90	95	100
		每1 L溶液加固体硫酸铵的克数（g）																
硫酸铵初浓度和饱和度（%）	0	106	134	164	194	226	258	291	326	361	398	436	476	516	559	603	650	697
	5	79	108	137	166	197	229	262	296	331	368	405	444	484	526	570	615	662
	10	53	81	109	139	169	200	232	266	301	337	374	412	452	493	536	581	627
	15	26	54	82	111	141	172	204	237	271	306	734	381	420	460	503	547	592
	20		27	55	83	113	143	175	207	241	276	712	349	387	427	469	512	557
	25			27	56	84	115	146	179	211	245	280	317	355	395	436	478	522
	30				28	56	86	117	148	181	214	249	285	323	362	402	445	488
	35					28	57	87	118	151	184	218	254	291	329	369	410	453
	40						29	58	89	120	153	187	222	258	296	335	376	418
	45							29	59	90	123	156	190	226	263	302	342	383
	50								30	60	92	125	159	194	230	268	308	348
	55									30	61	93	127	161	197	235	273	313
	60										31	62	95	129	164	201	231	279
	65											31	63	97	132	168	205	244
	70												32	65	99	134	171	209
	75													32	63	101	137	174
	80														33	67	103	139
	85															34	168	105
	90																34	70
	95																	35

附录六　基础生物化学实验常用中英文对照

A

absorbance, A	吸光度
absorption chromatography	吸附层析
acridine orange	吖啶橙
acrylamide, Acr	丙烯酰胺
agar electrophoresis	琼脂电泳
agarose gel electrophoresis	琼脂糖凝胶电泳
amino black 10B	氨基黑 10B
1, 2, 4 - aminonaphthol - sulfonicacid	氨基萘酚磺酸
Ap	过硫酸铵

B

N, N - methylene — bis - acryamide, Bis	N, N′-甲叉双丙烯酰胺
blue dextran	蓝色葡聚糖
blood sugar, BS	血糖

C

cellulose acetate membrane electrophoresis, CAME	醋酸纤维薄膜电泳
Coomassie brilliant blue, CBB	考马斯亮蓝
centrifugal techniques	离心技术
chromatography	层析法
carboxymethylcellulose, CMC	羟甲基纤维素

D

diethylaminoethyl - cellulose, DEAE - cellulose	二乙氨基乙基-纤维素
dextran	葡聚糖
two - dimensional gel electrophoresis, 2DGE	双向凝胶电泳
diphenylamine	二苯胺
disc - electrophoresis	圆盘电泳,不连续电泳
discoid shape	圆盘状

discontinuous electrophoresis	不连续电泳
dansyl chloride, DNA - Cl	丹磺酰氯
E	
extinction, *E*	消光度
ethidium bromide, EB	溴化乙啶
ethylenedinitrolotetraacetic acid, EDTA	乙二胺四乙酸
electrophoresis	电泳
electrophoretic technique	电泳技术
F	
Fb	浮力
Fc	离心力
Ff	摩擦阻力
fluorescamine	荧光胺
G	
gel filtration chromatography	凝胶过滤层析
glucose oxidase, GOD	葡萄糖氧化酶
I	
isoelectric focusing, IEF	等电聚焦
ion exchange chromatography	离子交换层析
ion exchange resin	离子交换树脂
L	
Linweaver - Burk	双倒数
M	
mercaptoethanol, β - ME	β-巯基乙醇
methylene blue	亚甲蓝
methyl green	甲基绿
N	
naphthol blue black	萘酚蓝黑
O	
optical density, OD	光密度
oil red	油红
P	

polyacrylamide gel electrophoresis, PAGE	聚丙烯酰胺凝胶电泳
partition chromatography	分配层析
polymerase chain reaction, PCR	聚合酶链反应
pI	等电点
plasmid	质粒
peroxidase, POD	过氧化物酶
pyromine G	焦宁 G
pyromine Y	焦宁 Y
R	
R_f	相对迁移率
S	
Schiff base	西夫碱
SDS, sodium dodecyl sulfate	十二烷基磺酸钠
Sephadex	交联葡聚糖
Sepharose	琼脂糖凝胶
Sepharose CL	交联琼脂糖
spectrophotometry	分光光度法
standard curve	标准曲线
sudan black B	苏丹黑 B
T	
transmittance, *T*	透光度
TEMED	四甲基乙二胺
toluidine blue	甲苯胺蓝

图书在版编目(CIP)数据

基础生物化学实验/白玲,霍群主编. —2 版. —上海: 复旦大学出版社, 2008. 2(2024. 7 重印)
ISBN 978-7-309-05895-6

Ⅰ. 基…　Ⅱ. ①白…②霍…　Ⅲ. 生物化学-实验-高等学校-教材　Ⅳ. Q5-33

中国版本图书馆 CIP 数据核字(2008)第 002902 号

基础生物化学实验(第二版)
白　玲　霍　群　主编
责任编辑/宫建平

复旦大学出版社有限公司出版发行
上海市国权路 579 号　邮编: 200433
网址: fupnet@ fudanpress. com　http://www. fudanpress. com
门市零售: 86-21-65102580　团体订购: 86-21-65104505
出版部电话: 86-21-65642845
江苏省句容市排印厂

开本 787 毫米×960 毫米　1/16　印张 11. 5　字数 200 千字
2024 年 7 月第 2 版第 14 次印刷
印数 26 301—27 400

ISBN 978-7-309-05895-6/Q · 68
定价: 36. 00 元